24년 출간 교재　　　25년 출간 교재

등급 구분: 예비 초등 (P1/P2/P3) · 1-2학년 (1A~2B) · 3-4학년 (3A~4B) · 5-6학년 (5A~6B) · 예비중등 (7A/7B)

영역	과목	교재	P1	P2	P3	1A	1B	2A	2B	3A	3B	4A	4B	5A	5B	6A	6B	7A	7B
쓰기력	국어	한글 바로 쓰기	P1	P2	P3														
		(P1~3_활동 모음집)																	
쓰기력	국어	맞춤법 바로 쓰기				1A	1B	2A	2B										
어휘력	전 과목	어휘				1A	1B	2A	2B	3A	3B	4A	4B	5A	5B	6A	6B		
어휘력	전 과목	한자 어휘				1A	1B	2A	2B	3A	3B	4A	4B	5A	5B	6A	6B		
어휘력	영어	파닉스					1		2										
어휘력	영어	영단어								3A	3B	4A	4B	5A	5B	6A	6B		
독해력	국어	독해	P1		P2	1A	1B	2A	2B	3A	3B	4A	4B	5A	5B	6A	6B		
독해력	한국사	독해 인물편								1		2		3		4			
독해력	한국사	독해 시대편								1		2		3		4			
계산력	수학	계산				1A	1B	2A	2B	3A	3B	4A	4B	5A	5B	6A	6B	7A	7B
교과서 문해력	전 과목	개념어 +서술어				1A	1B	2A	2B	3A	3B	4A	4B	5A	5B	6A	6B		
교과서 문해력	사회	교과서 독해								3A	3B	4A	4B	5A	5B	6A	6B		
교과서 문해력	과학	교과서 독해								3A	3B	4A	4B	5A	5B	6A	6B		
교과서 문해력	수학	문장제 기본				1A	1B	2A	2B	3A	3B	4A	4B	5A	5B	6A	6B		
교과서 문해력	수학	문장제 발전				1A	1B	2A	2B	3A	3B	4A	4B	5A	5B	6A	6B		
창의·사고력	전 영역	창의력 키우기	1	2	3	4													

* 초등학생을 위한 영역별 배경지식 함양 <완자 공부력> 시리즈는 2024년부터 출간됩니다.

* 완자 공부력 신간은 계속해서 출간됩니다.

세상이 변해도
배움의 즐거움은
변함없도록

시대는 빠르게 변해도
배움의 즐거움은
변함없어야 하기에

어제의 비상은
남다른 교재부터
결이 다른 콘텐츠
전에 없던 교육 플랫폼까지

변함없는 혁신으로
교육 문화 환경의 새로운 전형을
실현해왔습니다.

비상은 오늘, 다시 한번
새로운 교육 문화 환경을 실현하기 위한
또 하나의 혁신을 시작합니다.

오늘의 내가 어제의 나를 초월하고
오늘의 교육이 어제의 교육을 초월하여
배움의 즐거움을 지속하는 혁신,

바로, 메타인지 기반 완전 학습을.

상상을 실현하는 교육 문화 기업 비상

메타인지 기반 완전 학습
초월을 뜻하는 meta와 생각을 뜻하는 인지가 결합한 메타인지는
자신이 알고 모르는 것을 스스로 구분하고 학습계획을 세우도록 하는
궁극의 학습 능력입니다. 비상의 메타인지 기반 완전 학습 시스템은
잠들어 있는 메타인지를 깨워 공부를 100% 내 것으로 만들도록 합니다.

완자 공부력

교과서
문해력

수학 문장제 | 기본 | 6A

6학년

수학 문장제 기본 단계별 구성

1A	1B	2A	2B	3A	3B
9까지의 수	100까지의 수	세 자리 수	네 자리 수	덧셈과 뺄셈	곱셈
여러 가지 모양	덧셈과 뺄셈 (1)	여러 가지 도형	곱셈구구	평면도형	나눗셈
덧셈과 뺄셈	여러 가지 모양	덧셈과 뺄셈	길이 재기	나눗셈	원
비교하기	덧셈과 뺄셈 (2)	길이 재기	시각과 시간	곱셈	분수
50까지의 수	시계 보기와 규칙 찾기	분류하기	표와 그래프	길이와 시간	들이와 무게
	덧셈과 뺄셈 (3)	곱셈	규칙 찾기	분수와 소수	자료의 정리

수학 교과서 전 단원, 전 영역 문장제 문제를
쉽게 익히고 연습하여 문제 해결력을 길러요!

특징과 활용법

준비하기 → 일차 학습

준비하기
단원별 2쪽, 가볍게 몸풀기

문장제 준비하기

계산 문제나 기본 문제를
풀면서 개념을 확인해요!
잘 기억나지 않는 건
도움말을 보면서 떠올려요!

일차 학습
하루 4쪽, 문장제 학습

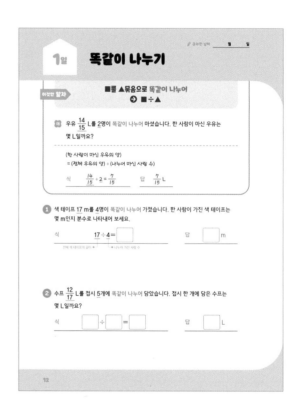

하루에 4쪽만 공부하면 끝!
이것만 알자 속 내용만 기억하면
풀이가 술술~

실력 확인하기

단원별 마무리하기와 총정리 실력 평가

마무리하기

앞에서 배운 문제를
풀면서 실력을 확인해요.
조금 더 어려운 도전 문제까지
성공하면 최고!

실력 평가

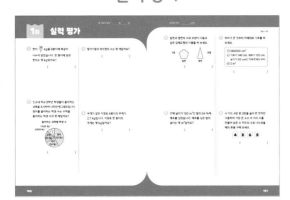

한 권을 모두 끝낸 후엔
실력 평가로 내 실력을 점검해요!
6개 이상 맞혔으면
발전편으로 GO!

정답과 해설

정답과 해설을 빠르게 확인하고,
틀린 문제는 다시 풀어요!
QR을 찍으면 모바일로도
정답을 확인할 수 있어요!

차례

1 분수의 나눗셈

준비
계산으로
문장제 준비하기

1일차

✦ 똑같이 나누기

✦ 한 개의 무게 구하기

2일차

✦ 정다각형의 둘레를 이용하여
한 변의 길이 구하기

✦ 직사각형의 넓이를 이용하여
변의 길이 구하기

3일차

✦ 몇 배인지 구하기

✦ 단위 시간 동안 움직인
거리 구하기

4일차
마무리하기

◆ 계산을 하여 몫을 분수로 나타내어 보세요.

1 $2 \div 5 = \dfrac{2}{5}$ ● 나누어지는 수를 분자,
나누는 수를 분모로 하는
분수로 나타내요.

6 $\dfrac{1}{3} \div 7 =$

● (분수)÷(자연수)를 (분수)×$\dfrac{1}{(자연수)}$로
나타내어 계산해요.

2 $3 \div 8 =$

7 $\dfrac{3}{4} \div 2 =$

3 $5 \div 3 =$

8 $\dfrac{2}{5} \div 6 =$

4 $10 \div 7 =$

9 $\dfrac{2}{9} \div 5 =$

5 $15 \div 11 =$

10 $\dfrac{9}{10} \div 3 =$

정답 2쪽

⑪ $\dfrac{7}{2} \div 4 =$

⑰ $1\dfrac{1}{3} \div 2 =$
└● 대분수를 가분수로 바꾸어 계산해요.

⑫ $\dfrac{8}{3} \div 6 =$

⑱ $3\dfrac{1}{2} \div 8 =$

⑬ $\dfrac{5}{4} \div 3 =$

⑲ $6\dfrac{3}{4} \div 3 =$

⑭ $\dfrac{10}{7} \div 4 =$

⑳ $7\dfrac{3}{5} \div 9 =$

⑮ $\dfrac{9}{8} \div 5 =$

㉑ $8\dfrac{6}{7} \div 2 =$

⑯ $\dfrac{13}{9} \div 2 =$

㉒ $9\dfrac{1}{6} \div 5 =$

1일 똑같이 나누기

이것만 알자

■를 ▲묶음으로 똑같이 나누어
➡ ■÷▲

예 우유 $\dfrac{14}{15}$ L를 2명이 똑같이 나누어 마셨습니다. 한 사람이 마신 우유는 몇 L일까요?

(한 사람이 마신 우유의 양)
= (전체 우유의 양) ÷ (나누어 마신 사람 수)

식 $\dfrac{14}{15} \div 2 = \dfrac{7}{15}$ 답 $\dfrac{7}{15}$ L

---

1 색 테이프 17 m를 4명이 똑같이 나누어 가졌습니다. 한 사람이 가진 색 테이프는 몇 m인지 분수로 나타내어 보세요.

식 $17 \div 4 = \boxed{}$ 답 $\boxed{}$ m

전체 색 테이프의 길이 ●   ● 나누어 가진 사람 수

---

2 수프 $\dfrac{12}{17}$ L를 접시 5개에 똑같이 나누어 담았습니다. 접시 한 개에 담은 수프는 몇 L일까요?

식 $\boxed{} \div \boxed{} = \boxed{}$ 답 $\boxed{}$ L

정답 2쪽

왼쪽 ❶, ❷번과 같이 문제의 핵심 부분에 색칠하고,
계산해야 하는 두 수에 밑줄을 그어 문제를 풀어 보세요.

3 밀가루 $\frac{21}{5}$ kg을 6봉지에 똑같이 나누어 담았습니다. 한 봉지에 담은 밀가루는
몇 kg일까요?

식 _____ 답 _____

4 보리차 $2\frac{1}{7}$ L를 유리병 9개에 똑같이 나누어
담았습니다. 유리병 한 개에 담은 보리차는 몇 L일까요?

식 _____

답 _____

5 식용유 $1\frac{5}{9}$ L를 7일 동안 똑같이 나누어 사용했습니다. 하루에 사용한 식용유는
몇 L일까요?

식 _____ 답 _____

한 개의 무게 구하기

한 개의 무게는?
➡ (전체 물건의 무게) ÷ (물건의 수)

예 똑같은 종이 40장의 무게가 $3\frac{3}{5}$ kg입니다. 종이 한 장의 무게는 몇 kg일까요?

(종이 한 장의 무게) = (전체 종이의 무게) ÷ (종이의 장수)

식 $3\frac{3}{5} ÷ 40 = \frac{9}{100}$ 답 $\frac{9}{100}$ kg

---

1 똑같은 지우개 6개의 무게가 $\frac{3}{40}$ kg입니다. 지우개 한 개의 무게는 몇 kg일까요?

식 $\frac{3}{40} ÷ 6 = \boxed{}$ 답 $\boxed{}$ kg

전체 지우개의 무게 ●━━┘   ┗━● 지우개의 수

---

2 똑같은 구슬 7개의 무게가 25 g입니다. 구슬 한 개의 무게는 몇 g인지 분수로 나타내어 보세요.

식 $\boxed{} ÷ \boxed{} = \boxed{}$

답 $\boxed{}$ g

정답 3쪽

왼쪽 ❶, ❷번과 같이 문제의 핵심 부분에 색칠하고,
계산해야 하는 두 수에 밑줄을 그어 문제를 풀어 보세요.

3 똑같은 인형 3개의 무게가 $\frac{27}{20}$ kg입니다. 인형 한 개의 무게는 몇 kg일까요?

식 _____   답 _____

4 똑같은 책 4권의 무게가 $2\frac{4}{7}$ kg입니다. 책 한 권의 무게는 몇 kg일까요?

식 _____   답 _____

5 똑같은 연필 8자루의 무게가 $37\frac{3}{5}$ g입니다. 연필 한 자루의 무게는 몇 g일까요?

식 _____   답 _____

6 똑같은 필통 5개의 무게가 $1\frac{1}{9}$ kg입니다. 필통 한 개의 무게는 몇 kg일까요?

식 _____   답 _____

2일 정다각형의 둘레를 이용하여 한 변의 길이 구하기

이것만 알자 **(한 변의 길이)=(정다각형의 둘레)÷(변의 수)**

예 유찬이는 철사를 이용하여 둘레가 $\frac{9}{8}$ m인 정삼각형을 만들었습니다.

이 정삼각형의 한 변의 길이는 몇 m일까요?

(한 변의 길이)

= (정삼각형의 둘레) ÷ (변의 수)

정삼각형의 변의 수는 3개,
정사각형의 변의 수는 4개
예요.

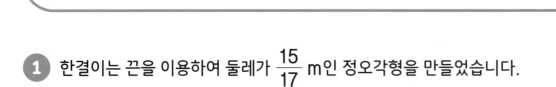

식 $\frac{9}{8} \div 3 = \frac{3}{8}$ 답 $\frac{3}{8}$ m

---

1 한결이는 끈을 이용하여 둘레가 $\frac{15}{17}$ m인 정오각형을 만들었습니다.

이 정오각형의 한 변의 길이는 몇 m일까요?

식 $\frac{15}{17} \div 5 = \boxed{}$ 답 $\boxed{}$ m

    정오각형의 둘레 ●┘ └● 변의 수

---

2 시현이는 색 테이프를 이용하여 둘레가 23 cm인 정육각형을 만들었습니다.
이 정육각형의 한 변의 길이는 몇 cm인지 분수로 나타내어 보세요.

식 $\boxed{} \div \boxed{} = \boxed{}$ 답 $\boxed{}$ cm

왼쪽 ①, ②번과 같이 문제의 핵심 부분에 색칠하고,
문제를 풀어 보세요.

정답 3쪽

③ 진우는 철사를 이용하여 둘레가 $26\frac{2}{9}$ cm인

정사각형을 만들었습니다. 이 정사각형의 한 변의

길이는 몇 cm일까요?

식 _____

답 _____

④ 시원이는 노끈을 이용하여 둘레가 $1\frac{2}{3}$ m인 정팔각형을 만들었습니다.

이 정팔각형의 한 변의 길이는 몇 m일까요?

식 _____   답 _____

⑤ 민지는 철사를 이용하여 둘레가 $\frac{20}{29}$ m인 정십이각형을 만들었습니다.

이 정십이각형의 한 변의 길이는 몇 m일까요?

식 _____   답 _____

직사각형의 넓이를 이용하여 변의 길이 구하기

이것만 알자 **(가로) = (직사각형의 넓이) ÷ (세로)**

예 넓이가 $2\frac{4}{5}$ m²인 직사각형 모양의 매트가 있습니다. 이 매트의 세로가 2 m일 때 가로는 몇 m일까요?

세로는 직사각형의 넓이를 가로로 나누어 구할 수 있어요.

(가로) = (매트의 넓이) ÷ (세로)

식 $\quad 2\frac{4}{5} \div 2 = 1\frac{2}{5}$

답 $\quad 1\frac{2}{5}$ m

① 넓이가 $\frac{26}{7}$ m²인 직사각형 모양의 천이 있습니다. 이 천의 세로가 5 m일 때 가로는 몇 m일까요?

식 $\qquad \dfrac{26}{7} \div 5 = \boxed{}$

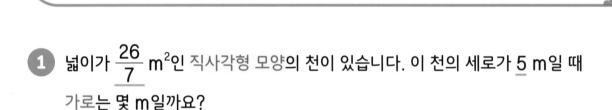
천의 넓이 ● ─ ● 세로

답 $\boxed{}$ m

② 넓이가 $5\frac{1}{3}$ cm²인 직사각형 모양의 블록 조각이 있습니다. 이 블록 조각의 가로가 4 cm일 때 세로는 몇 cm일까요?

식 $\boxed{} \div \boxed{} = \boxed{}$

답 $\boxed{}$ cm

정답 4쪽

왼쪽 ❶, ❷번과 같이 문제의 핵심 부분에 색칠하고,
계산해야 하는 두 수에 밑줄을 그어 문제를 풀어 보세요.

3 넓이가 $4\dfrac{1}{8}$ m²인 직사각형 모양의 꽃밭이 있습니다. 이 꽃밭의 가로가 3 m일 때

세로는 몇 m일까요?

식 _____   답 _____

4 넓이가 82 cm²인 직사각형 모양의 메모지가 있습니다. 이 메모지의 세로가
8 cm일 때 가로는 몇 cm인지 분수로 나타내어 보세요.

식 _____   답 _____

5 벽에 넓이가 $11\dfrac{1}{3}$ m²인 직사각형 모양의 벽화가 그려져

있습니다. 이 벽화의 가로가 6 m일 때 세로는

몇 m일까요?

식 _____

답 _____

3일　몇 배인지 구하기

■는 ●의 몇 배인가? ➔ ■÷●

예 집에서 병원까지의 거리는 $9\frac{3}{8}$ km이고, 집에서 은행까지의 거리는 4 km입니다. 집에서 병원까지의 거리는 집에서 은행까지의 거리의 몇 배일까요?

집에서 병원까지의 거리는 집에서 은행까지의 거리의 몇 배인지 물었으므로 집에서 병원까지의 거리를 집에서 은행까지의 거리로 나눕니다.

식　$9\frac{3}{8} \div 4 = 2\frac{11}{32}$　　답　$2\frac{11}{32}$배

1 빨간 리본의 길이는 5 m이고, 노란 리본의 길이는 7 m입니다. 빨간 리본의 길이는 노란 리본의 길이의 몇 배인지 분수로 나타내어 보세요.

식　　$5 \div 7 = \boxed{}$　　답　$\boxed{}$배

빨간 리본의 길이 ●　● 노란 리본의 길이

2 도원이네 집에 있는 간장의 양은 $\frac{5}{9}$ L이고, 식초의 양은 2 L입니다.

간장의 양은 식초의 양의 몇 배일까요?

식　$\boxed{} \div \boxed{} = \boxed{}$　　답　$\boxed{}$배

왼쪽 ❶, ❷번과 같이 문제의 핵심 부분에 색칠하고,
계산해야 하는 두 수에 밑줄을 그어 문제를 풀어 보세요.

정답 4쪽

3 예나가 키우는 강아지의 무게는 $6\frac{6}{7}$ kg이고, 고양이의 무게는 3 kg입니다.
강아지의 무게는 고양이의 무게의 몇 배일까요?

식 _____   답 _____

4 현준이네 집 마당에 있는 소나무의 높이는 $2\frac{3}{8}$ m이고, 감나무의 높이는 2 m입니다.
소나무의 높이는 감나무의 높이의 몇 배일까요?

식 _____   답 _____

5 상추를 심은 밭의 넓이는 $\frac{27}{4}$ m²이고, 고추를 심은
밭의 넓이는 12 m²입니다. 상추를 심은 밭의 넓이는
고추를 심은 밭의 넓이의 몇 배일까요?

식 _____

답 _____

3일 단위 시간 동안 움직인 거리 구하기

일정한 빠르기로 1분 동안 간 거리는?
➜ **(전체 거리) ÷ (걸린 시간(분))**

예 지후가 일정한 빠르기로 $\dfrac{5}{21}$ km를 걸어가는 데 4분이 걸렸습니다.

지후가 1분 동안 간 거리는 몇 km일까요?

(1분 동안 간 거리) = (전체 거리) ÷ (걸린 시간)

식 $\dfrac{5}{21} \div 4 = \dfrac{5}{84}$ 답 $\dfrac{5}{84}$ km

---

1 효진이가 일정한 빠르기로 $\dfrac{14}{25}$ km를 달려가는 데 2분이 걸렸습니다.

효진이가 1분 동안 간 거리는 몇 km일까요?

식 $\dfrac{14}{25} \div 2 = \boxed{}$ 답 $\boxed{}$ km

전체 거리 ●┘   └● 걸린 시간

2 거북이가 일정한 빠르기로 500 cm를 기어가는 데 60분이 걸렸습니다.

거북이가 1분 동안 간 거리는 몇 cm인지 분수로 나타내어 보세요.

식 $\boxed{} \div \boxed{} = \boxed{}$ 답 $\boxed{}$ cm

왼쪽 ❶, ❷번과 같이 문제의 핵심 부분에 색칠하고,
계산해야 하는 두 수에 밑줄을 그어 문제를 풀어 보세요.

정답 5쪽

❸ 하온이가 자전거를 타고 일정한 빠르기로 $2\dfrac{5}{8}$ km를
가는 데 5분이 걸렸습니다. 하온이가 자전거를 타고
1분 동안 간 거리는 몇 km일까요?

식 _____

답 _____

❹ 기차가 일정한 빠르기로 $\dfrac{84}{5}$ km를 가는 데 7분이 걸렸습니다.
이 기차가 1분 동안 간 거리는 몇 km일까요?

식 _____   답 _____

❺ 자동차가 일정한 빠르기로 $12\dfrac{2}{3}$ km를 가는 데 10분이 걸렸습니다.
이 자동차가 1분 동안 간 거리는 몇 km일까요?

식 _____   답 _____

4일 마무리하기

12쪽

1 주스 7 L를 병 5개에 똑같이 나누어 담았습니다. 병 한 개에 담은 주스는 몇 L인지 분수로 나타내어 보세요.

(　　　　　　)

14쪽

3 똑같은 스피커 7개의 무게가 $3\frac{3}{5}$ kg입니다. 스피커 한 개의 무게는 몇 kg일까요?

(　　　　　　)

12쪽

2 세아네 가족은 쌀 $3\frac{3}{4}$ kg을 8일 동안 똑같이 나누어 먹었습니다. 하루에 먹은 쌀은 몇 kg일까요?

(　　　　　　)

16쪽

4 하윤이는 철사를 이용하여 둘레가 $\frac{8}{11}$ m인 정십각형을 만들었습니다. 이 정십각형의 한 변의 길이는 몇 m일까요?

(　　　　　　)

정답 5쪽

18쪽

5 넓이가 $\dfrac{17}{3}$ m²인 직사각형 모양의 땅이 있습니다. 이 땅의 세로가 4 m일 때 가로는 몇 m일까요?

(   )

22쪽

7 고속버스가 일정한 빠르기로 $6\dfrac{1}{5}$ km를 가는 데 4분이 걸렸습니다. 이 고속버스가 1분 동안 간 거리는 몇 km일까요?

(   )

20쪽

6 오빠의 몸무게는 $45\dfrac{1}{2}$ kg이고, 수현이의 몸무게는 39 kg입니다. 오빠의 몸무게는 수현이의 몸무게의 몇 배일까요?

(   )

8 14쪽   도전 문제

무게가 똑같은 복숭아 3개가 놓여 있는 접시의 무게가 $1\dfrac{1}{9}$ kg입니다. 빈 접시의 무게가 $\dfrac{2}{9}$ kg이라면 복숭아 한 개의 무게는 몇 kg인지 구해 보세요.

❶ 복숭아 3개의 무게

→ (   )

❷ 복숭아 한 개의 무게

→ (   )

2 각기둥과 각뿔

준비
기본 문제로
문장제 준비하기

5일차
✦ 각기둥의 구성 요소의 수 구하기

✦ 각뿔의 구성 요소의 수 구하기

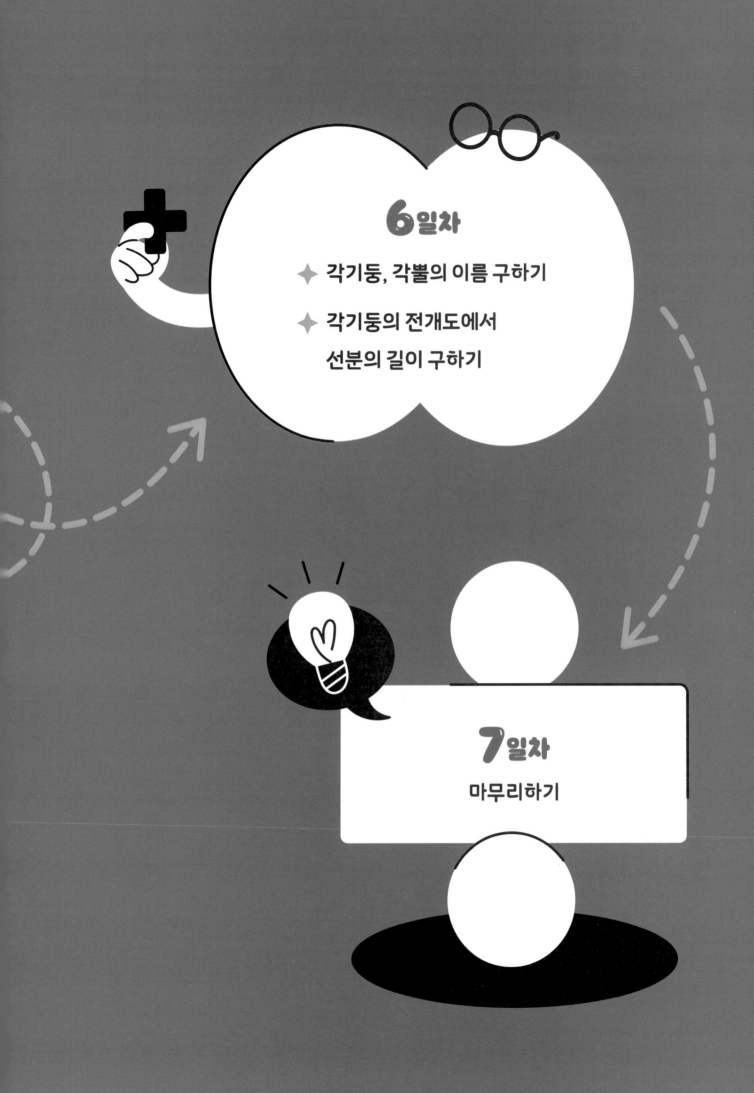

1 각기둥을 찾아 써 보세요.

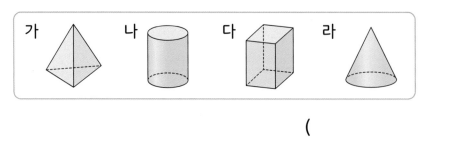

(   )

2 각뿔을 찾아 써 보세요.

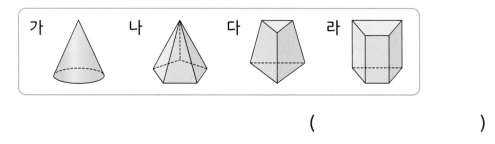

(   )

3 각기둥을 보고 밑면과 옆면을 모두 찾아 써 보세요.

밑면	
옆면	

4 각뿔을 보고 밑면과 옆면을 모두 찾아 써 보세요.

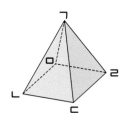

밑면	
옆면	

5 각기둥의 이름을 써 보세요.

(1)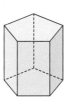

(   )

(2)

(   )

6 각뿔의 이름을 써 보세요.

(1)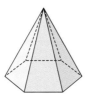

(   )

(2)

(   )

7 각기둥의 전개도를 보고 물음에 답하세요.

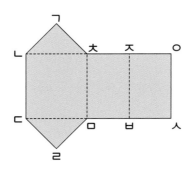

(1) 전개도를 접었을 때 선분 ㄱㄴ과 만나는 선분을 찾아 써 보세요.

(   )

(2) 전개도를 접었을 때 점 ㄷ과 만나는 점을 찾아 써 보세요.

(   )

5일 각기둥의 구성 요소의 수 구하기

이것만 알자

각기둥의
- 면의 수 ➡ (한 밑면의 변의 수)+2
- 꼭짓점의 수 ➡ (한 밑면의 변의 수)×2
- 모서리의 수 ➡ (한 밑면의 변의 수)×3

예 오각기둥의 모서리의 수는 몇 개일까요?

- -

오각기둥의 한 밑면의 변의 수: 5개

➡ (오각기둥의 모서리의 수) = 5 × 3 = 15(개)

답   15개

---

1 사각기둥의 면의 수는 몇 개일까요?

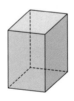

(개)

2 칠각기둥의 꼭짓점의 수는 몇 개일까요?

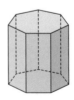

(개)

왼쪽 **①**, **②**번과 같이 문제의 핵심 부분에 색칠하고,
문제를 풀어 보세요.

정답 6쪽

3 육각기둥의 면의 수는 몇 개일까요?

( )

4 구각기둥의 꼭짓점의 수는 몇 개일까요?

( )

5 팔각기둥의 모서리의 수는 몇 개일까요?

( )

6 십이각기둥의 꼭짓점의 수는 몇 개일까요?

( )

각뿔의 구성 요소의 수 구하기

각뿔의

┌ 면의 수 ➡ (밑면의 변의 수)+1
├ 꼭짓점의 수 ➡ (밑면의 변의 수)+1
└ 모서리의 수 ➡ (밑면의 변의 수)×2

예 육각뿔의 꼭짓점의 수는 몇 개일까요?

- -

육각뿔의 밑면의 변의 수: 6개

⇨ (육각뿔의 꼭짓점의 수) = 6 + 1 = 7(개)

답　　7개

① 오각뿔의 면의 수는 몇 개일까요?

(　　　　　 개)

② 사각뿔의 모서리의 수는 몇 개일까요?

(　　　　　 개)

왼쪽 ①, ②번과 같이 문제의 핵심 부분에 색칠하고,
문제를 풀어 보세요.

정답 7쪽

3 칠각뿔의 면의 수는 몇 개일까요?

(   )

4 구각뿔의 모서리의 수는 몇 개일까요?

(   )

5 팔각뿔의 꼭짓점의 수는 몇 개일까요?

(   )

6 십각뿔의 모서리의 수는 몇 개일까요?

(   )

6일 각기둥, 각뿔의 이름 구하기

이것만 알자

밑면이 ★각형이고
┌ 옆면이 삼각형인 입체도형의 이름 ➡ ★각뿔
└ 옆면이 직사각형인 입체도형의 이름 ➡ ★각기둥

예 밑면과 옆면의 수와 모양이 다음과 같은 입체도형의 이름을 써 보세요.

각기둥과 각뿔의 이름은 밑면의 모양에 따라 **정해져요.**

밑면이 삼각형이고, 옆면이 모두 직사각형이므로 삼각기둥입니다.

답　삼각기둥

---

1 밑면과 옆면의 수와 모양이 다음과 같은 입체도형의 이름을 써 보세요.

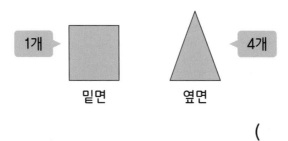

(　　　　　　　　　　)

2 밑면과 옆면의 수와 모양이 다음과 같은 입체도형의 이름을 써 보세요.

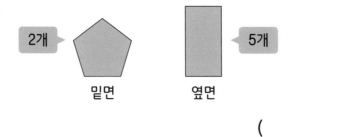

(　　　　　　　　　　)

왼쪽 ① , ② 번과 같이 문제의 핵심 부분에 색칠하고,
문제를 풀어 보세요.

정답 7쪽

3 밑면과 옆면의 수와 모양이 다음과 같은 입체도형의 이름을 써 보세요.

(   )

4 밑면과 옆면의 수와 모양이 다음과 같은 입체도형의 이름을 써 보세요.

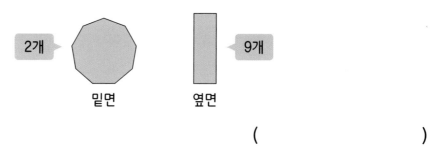

(   )

5 밑면과 옆면의 수와 모양이 다음과 같은 입체도형의 이름을 써 보세요.

(   )

각기둥의 전개도에서 선분의 길이 구하기

각기둥의 전개도를 접었을 때 만나는 선분의 길이는 같습니다.

예 각기둥과 각기둥의 전개도를 보고 ☐ 안에 알맞은 수를 써넣으세요.

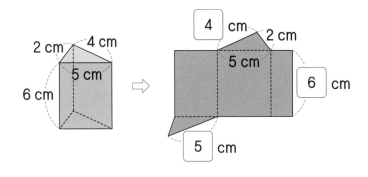

전개도를 접었을 때 만나는 선분의 길이는 같습니다.

---

1 각기둥과 각기둥의 전개도를 보고 ☐ 안에 알맞은 수를 써넣으세요.

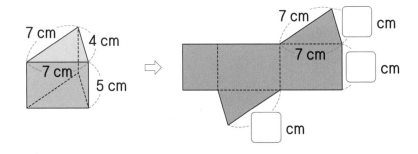

2 각기둥과 각기둥의 전개도를 보고 ☐ 안에 알맞은 수를 써넣으세요.

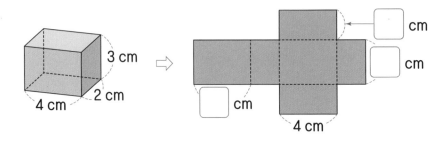

왼쪽 ①, ②번과 같이 문제의 핵심 부분에 색칠하고,
문제를 풀어 보세요.

정답 8쪽

3 각기둥과 각기둥의 전개도를 보고 ⬜ 안에 알맞은 수를 써넣으세요.

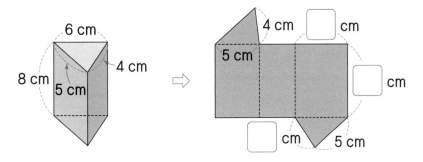

4 각기둥과 각기둥의 전개도를 보고 ⬜ 안에 알맞은 수를 써넣으세요.

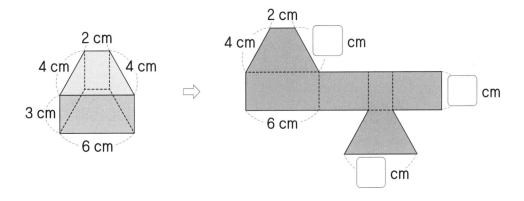

5 각기둥과 각기둥의 전개도를 보고 ⬜ 안에 알맞은 수를 써넣으세요.

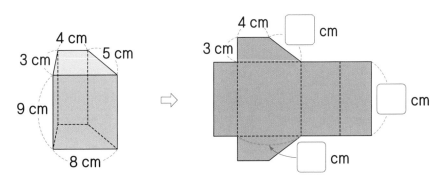

7일 마무리하기

30쪽

1 육각기둥의 꼭짓점의 수는 몇 개일까요?

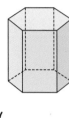

(　　　　　　　　)

30쪽

3 십각기둥의 면의 수는 몇 개일까요?

(　　　　　　　　)

32쪽

2 팔각뿔의 모서리의 수는 몇 개일까요?

(　　　　　　　　)

34쪽

4 밑면과 옆면의 수와 모양이 다음과 같은 입체도형의 이름을 써 보세요.

2개 ◀　　　밑면　　　옆면　　　▶ 6개

(　　　　　　　　)

34쪽

5 밑면과 옆면의 수와 모양이 다음과 같은 입체도형의 이름을 써 보세요.

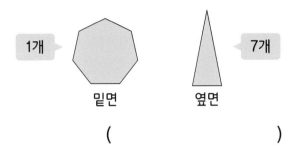

1개 ◀ 밑면   옆면 ▶ 7개

(   )

36쪽

6 각기둥과 각기둥의 전개도를 보고 ☐ 안에 알맞은 수를 써넣으세요.

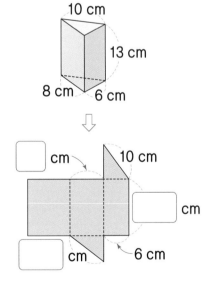

36쪽

7 각기둥과 각기둥의 전개도를 보고 ☐ 안에 알맞은 수를 써넣으세요.

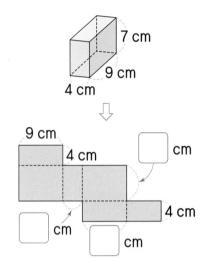

8 30쪽   **도전 문제**

사각기둥의 모서리의 수와 꼭짓점의 수의 합은 몇 개인지 구해 보세요.

❶ 사각기둥의 모서리의 수

→ (   )

❷ 사각기둥의 꼭짓점의 수

→ (   )

❸ 위 ❶과 ❷의 합

→ (   )

3 소수의 나눗셈

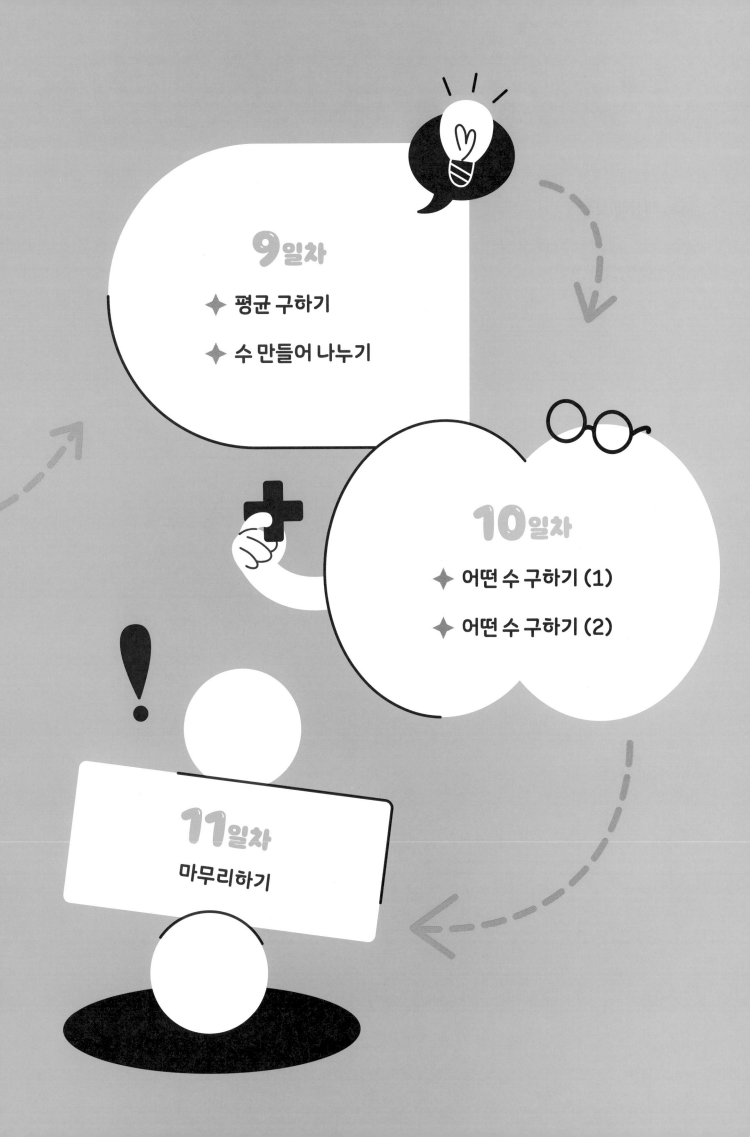

◆ **계산해 보세요.**

1
　　• 몫의 소수점은 나누어지는 수의
　　　소수점을 올려 찍어요.

```
      3.1
3 ) 9.3
    9
    ─
      3
      3
    ─
      0
```

2
```
4 ) 4.4 8
```

3
```
3 ) 8.5 2
```

4
　　• 3을 5로 나눌 수 없으므로
　　　몫의 일의 자리에 0을 써요.

```
      0.7
5 ) 3.5
    3 5
    ───
      0
```

5
```
8 ) 3.2 8
```

6
```
4 ) 5.8 0
```
• 나누어떨어지지 않는 경우에는
　나누어지는 수의 오른쪽 끝자리에
　0이 계속 있는 것으로 생각하고
　0을 내려 계산해요.

7
```
6 ) 2.1
```

8
```
7 ) 7.5 6
```

9
```
5 ) 6
```

10
```
8 ) 3 0
```

정답 9쪽

⑪ $6.8 \div 2 =$

⑫ $8.44 \div 4 =$

⑬ $9.36 \div 3 =$

⑭ $8.1 \div 3 =$

⑮ $11.2 \div 8 =$

⑯ $6.3 \div 7 =$

⑰ $1.44 \div 6 =$

⑱ $7.6 \div 8 =$

⑲ $8.7 \div 6 =$

⑳ $9.54 \div 9 =$

㉑ $17 \div 5 =$

㉒ $25 \div 4 =$

8일 똑같이 나누기

이것만 알자

■를 ▲묶음으로 똑같이 나누어
➡ ■÷▲

예 쌀 19.6 kg을 자루 2개에 똑같이 나누어 담으려고 합니다.
자루 한 개에 담을 수 있는 쌀은 몇 kg일까요?

- -

(자루 한 개에 담을 수 있는 쌀의 무게)
= (전체 쌀의 무게) ÷ (나누어 담을 자루의 수)

식   19.6 ÷ 2 = 9.8   답   9.8 kg

---

1 사료 0.63 kg을 고양이 3마리에게 똑같이 나누어 주려고 합니다.
고양이 한 마리에게 줄 수 있는 사료는 몇 kg일까요?

식   0.63 ÷ 3 = [   ]   답 [   ] kg

전체 사료의 무게 ●   ● 나누어 줄 고양이의 수

---

2 물 0.84 L를 화분 6개에 똑같이 나누어 주려고 합니다.
화분 한 개에 줄 수 있는 물은 몇 L일까요?

식   [   ] ÷ [   ] = [   ]

답   [   ] L

왼쪽 1, 2번과 같이 문제의 핵심 부분에 색칠하고,
계산해야 하는 두 수에 밑줄을 그어 문제를 풀어 보세요.

정답 9쪽

3 간장 1 L를 통 5개에 똑같이 나누어 담으려고 합니다.
통 한 개에 담을 수 있는 간장은 몇 L일까요?

식 _____   답 _____

4 밤 57.8 kg을 바구니 4개에 똑같이 나누어 담으려고 합니다.
바구니 한 개에 담을 수 있는 밤은 몇 kg일까요?

식 _____   답 _____

5 소금물 250.2 mL를 비커 9개에 똑같이 나누어 담으려고 합니다.
비커 한 개에 담을 수 있는 소금물은 몇 mL일까요?

식 _____   답 _____

6 리본 12 m를 8도막으로 똑같이 나누어 그중 한 도막으로 선물을 포장했습니다.
선물을 포장하는 데 사용한 리본은 몇 m일까요?

식 _____   답 _____

이것만 알자

한 개의 무게는?
➡ (전체 물건의 무게) ÷ (물건의 수)

예 무게가 같은 책 4권의 무게가 7.4 kg입니다. 책 한 권의 무게는 몇 kg일까요?

(책 한 권의 무게)

= (전체 책의 무게) ÷ (책의 수)

식   7.4 ÷ 4 = 1.85   답   1.85 kg

---

1 어머니께서 사 오신 무게가 같은 소스 6병의 무게가 0.72 kg입니다. 소스 한 병의 무게는 몇 kg일까요?

식   0.72 ÷ 6 = ☐

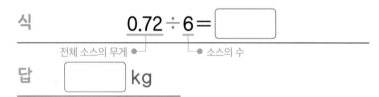

전체 소스의 무게 ●━━━━━━━━● 소스의 수

답   ☐ kg

---

2 무게가 같은 책상 3개의 무게가 25.8 kg입니다. 책상 한 개의 무게는 몇 kg일까요?

식   ☐ ÷ ☐ = ☐   답   ☐ kg

왼쪽 **1**, **2**번과 같이 문제의 핵심 부분에 색칠하고,
계산해야 하는 두 수에 밑줄을 그어 문제를 풀어 보세요.

정답 10쪽

3 무게가 같은 햄 통조림 5개의 무게가 1.3 kg입니다. 햄 통조림 한 개의 무게는
몇 kg일까요?

식 _____   답 _____

4 무게가 같은 수박 7통의 무게가 49.21 kg입니다. 수박 한 통의 무게는
몇 kg일까요?

식 _____   답 _____

5 무게가 같은 접시 9개의 무게가 1.44 kg입니다. 접시 한 개의 무게는
몇 kg일까요?

식 _____   답 _____

6 무게가 같은 클립 24개의 무게가 12 g입니다. 클립 한 개의 무게는 몇 g일까요?

식 _____   답 _____

9일 평균 구하기

이것만 알자 **(평균)＝(자료의 값을 모두 더한 수)÷(자료의 수)**

🍀 **예** 정은이의 50 m 달리기 기록을 나타낸 표입니다. 정은이의 50 m 달리기 기록의 평균은 몇 초인지 반올림하여 소수 첫째 자리까지 나타내어 보세요.

회	1회	2회	3회
기록(초)	13	14	11

(50 m 달리기 기록의 평균) = (달리기 기록의 합) ÷ (횟수)

= (13 + 14 + 11) ÷ 3 = 38 ÷ 3 = 12.66······ ⇨ 12.7초

답 　12.7초

---

1 세 종이테이프의 길이를 나타낸 표입니다. 세 종이테이프의 길이의 평균은 몇 cm인지 반올림하여 소수 첫째 자리까지 나타내어 보세요.

종이테이프	가	나	다
길이(cm)	24	16	22

(　　　　　　　cm)

2 하영이네 모둠 학생들의 수학 점수를 나타낸 표입니다. 하영이네 모둠 학생들의 수학 점수의 평균은 몇 점인지 구해 보세요.

이름	하영	민준	유주	건우
점수(점)	78	92	82	86

(　　　　　　　점)

정답 10쪽

왼쪽 ❶, ❷번과 같이 문제의 핵심 부분에 색칠하고,
문제를 풀어 보세요.

3 5일 동안 채인이네 집의 거실 온도를 나타낸 표입니다. 5일 동안 채인이네 집의 거실 온도의 평균은 몇 ℃인지 구해 보세요.

요일	월	화	수	목	금
온도(℃)	22	21	22	20	23

(   )

4 서율이네 모둠 학생들의 키를 나타낸 표입니다. 서율이네 모둠 학생들의 키의 평균은 몇 cm인지 반올림하여 소수 첫째 자리까지 나타내어 보세요.

이름	서율	도진	하린
키(cm)	137.2	145.7	149.8

(   )

5 유하와 친구들의 몸무게를 나타낸 표입니다. 유하와 친구들의 몸무게의 평균은 몇 kg인지 구해 보세요.

이름	유하	민지	윤재	상준
몸무게(kg)	40.2	43.5	44.5	48.6

(   )

수 만들어 나누기

가장 큰(작은) 소수 만들기
➜ 높은 자리에 큰(작은) 수부터 차례로 놓기

예 수 카드 4장 중 3장을 골라 한 번씩만 사용하여 가장 큰 소수 두 자리 수를 만들고, 남은 수 카드의 수로 나누었을 때의 몫을 구해 보세요.

5 4 6 2

수의 크기를 비교하면 6>5>4>2이므로 가장 큰 소수 두 자리 수는 6.54입니다.
남은 수 카드의 수는 2이므로 6.54를 2로 나눕니다.

식   6.54 ÷ 2 = 3.27   답   3.27

1 수 카드 4장 중 3장을 골라 한 번씩만 사용하여 가장 큰 소수 두 자리 수를 만들고, 남은 수 카드의 수로 나누었을 때의 몫을 구해 보세요.

9 3 8 4

식   9.84 ÷ 3 = ☐   답 ☐

가장 큰 소수 두 자리 수 ●   ●남은 수 카드의 수

2 수 카드 4장 중 3장을 골라 한 번씩만 사용하여 가장 작은 소수 두 자리 수를 만들고, 남은 수 카드의 수로 나누었을 때의 몫을 구해 보세요.

3 1 9 5

식   ☐ ÷ ☐ = ☐   답 ☐

왼쪽 **1**, **2**번과 같이 문제의 핵심 부분에 색칠하고,
문제를 풀어 보세요.

정답 11쪽

3 수 카드 4장 중 3장을 골라 한 번씩만 사용하여 가장 큰 소수 두 자리 수를 만들고,
남은 수 카드의 수로 나누었을 때의 몫을 구해 보세요.

식 _____   답 _____

4 수 카드 4장 중 3장을 골라 한 번씩만 사용하여 가장 작은 소수 두 자리 수를 만들고,
남은 수 카드의 수로 나누었을 때의 몫을 구해 보세요.

식 _____   답 _____

5 수 카드 4장 중 3장을 골라 한 번씩만 사용하여 가장 작은 소수 두 자리 수를 만들고,
남은 수 카드의 수로 나누었을 때의 몫을 구해 보세요.

0   8   2   4

식 _____   답 _____

10일 어떤 수 구하기 (1)

이것만 알자

어떤 수(□)에 ▲를 곱했더니 ● ➜ □×▲=●
나눗셈식으로 나타내면 ➜ ●÷▲=□

예 어떤 수에 <u>8</u>을 곱했더니 <u>10.8</u>이 되었습니다. 어떤 수를 구해 보세요.

어떤 수를 □라 하여 곱셈식을 세운 다음,
곱셈식을 나눗셈식으로 나타내어 어떤 수를 구합니다.
□ × <u>8</u> = <u>10.8</u>
➪ 10.8 ÷ 8 = □, □ = 1.35

답 _____1.35_____

---

1 어떤 수에 <u>9</u>를 곱했더니 <u>15.3</u>이 되었습니다. 어떤 수를 구해 보세요.

풀이
어떤 수
■ × 9 = 15.3
➪ 15.3 ÷ 9 = ■, ■ = ☐

답 ☐

---

2 어떤 수에 <u>6</u>을 곱했더니 <u>13.8</u>이 되었습니다. 어떤 수를 구해 보세요.

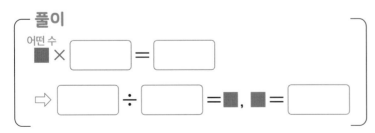

답 ☐

**왼쪽 ❶, ❷번과 같이 문제의 핵심 부분에 색칠하고,
계산해야 하는 두 수에 밑줄을 그어 문제를 풀어 보세요.**

정답 11쪽

❸ 어떤 수에 2를 곱했더니 8.7이 되었습니다. 어떤 수를 구해 보세요.

풀이

답 _____

❹ 어떤 수에 4를 곱했더니 77.2가 되었습니다. 어떤 수를 구해 보세요.

풀이

답 _____

❺ 어떤 수에 5를 곱했더니 30.25가 되었습니다. 어떤 수를 구해 보세요.

풀이

답 _____

어떤 수 구하기 (2)

이것만 알자 ▲에 어떤 수(□)를 곱했더니 ● ➔ ▲×□=●
나눗셈식으로 나타내면 ➔ ●÷▲=□

예 <u>7</u>에 어떤 수를 곱했더니 <u>73.5</u>가 되었습니다. 어떤 수를 구해 보세요.

어떤 수를 □라 하여 곱셈식을 세운 다음,
곱셈식을 나눗셈식으로 나타내어 어떤 수를 구합니다.
<u>7</u> × □ = <u>73.5</u>
⇨ 73.5 ÷ 7 = □, □ = 10.5

답 _____10.5_____

---

1 <u>5</u>에 어떤 수를 곱했더니 <u>9.4</u>가 되었습니다. 어떤 수를 구해 보세요.

┌ **풀이**

답 [＿＿＿]

---

2 <u>4</u>에 어떤 수를 곱했더니 <u>5</u>가 되었습니다. 어떤 수를 구해 보세요.

┌ **풀이**
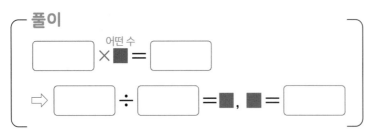

답 [＿＿＿]

왼쪽 ❶, ❷번과 같이 문제의 핵심 부분에 색칠하고,
계산해야 하는 두 수에 밑줄을 그어 문제를 풀어 보세요.

정답 12쪽

❸ 8에 어떤 수를 곱했더니 22.8이 되었습니다. 어떤 수를 구해 보세요.

풀이

답 _____

❹ 6에 어떤 수를 곱했더니 320.4가 되었습니다. 어떤 수를 구해 보세요.

풀이

답 _____

❺ 3에 어떤 수를 곱했더니 15.06이 되었습니다. 어떤 수를 구해 보세요.

풀이

답 _____

11일 마무리하기

44쪽

1 탄산수 1.4 L를 컵 7개에 똑같이 나누어 담으려고 합니다. 컵 한 개에 담을 수 있는 탄산수는 몇 L일까요?

(　　　　　　　　　　)

46쪽

2 무게가 같은 가위 6개의 무게가 1.62 kg입니다. 가위 한 개의 무게는 몇 kg일까요?

(　　　　　　　　　　)

48쪽

3 서연이가 1분 동안 친 타자 수를 나타낸 표입니다. 서연이가 1분 동안 친 타자 수의 평균은 몇 타인지 반올림하여 소수 첫째 자리까지 나타내어 보세요.

회	1회	2회	3회
기록(타)	253	262	267

(　　　　　　　　　　)

50쪽

4 수 카드 4장 중 3장을 골라 한 번씩만 사용하여 가장 큰 소수 두 자리 수를 만들어 남은 수 카드의 수로 나누었을 때의 몫을 구해 보세요.

7　5　3　6

(　　　　　　　　　　)

50쪽

5 수 카드 4장 중 3장을 골라 한 번씩만 사용하여 가장 작은 소수 두 자리 수를 만들어 남은 수 카드의 수로 나누었을 때의 몫을 구해 보세요.

| 1 | 0 | 7 | 4 |

(　　　　　　　　)

52쪽

6 어떤 수에 5를 곱했더니 26이 되었습니다. 어떤 수를 구해 보세요.

(　　　　　　　　)

54쪽

7 15에 어떤 수를 곱했더니 64.5가 되었습니다. 어떤 수를 구해 보세요.

(　　　　　　　　)

8 44쪽 　 　 **도전 문제**

어머니께서 한 봉지에 3.08 kg 들어 있는 현미를 5봉지 사셨습니다. 이 현미를 통 14개에 똑같이 나누어 담았다면 통 한 개에 담은 현미의 무게는 몇 kg인지 구해 보세요.

❶ 전체 현미의 무게

→ (　　　　　　　　)

❷ 통 한 개에 담은 현미의 무게

→ (　　　　　　　　)

4 비와 비율

준비
기본 문제로
문장제 준비하기

12일차

✦ 비, 비율 구하기

✦ 백분율로 나타내기

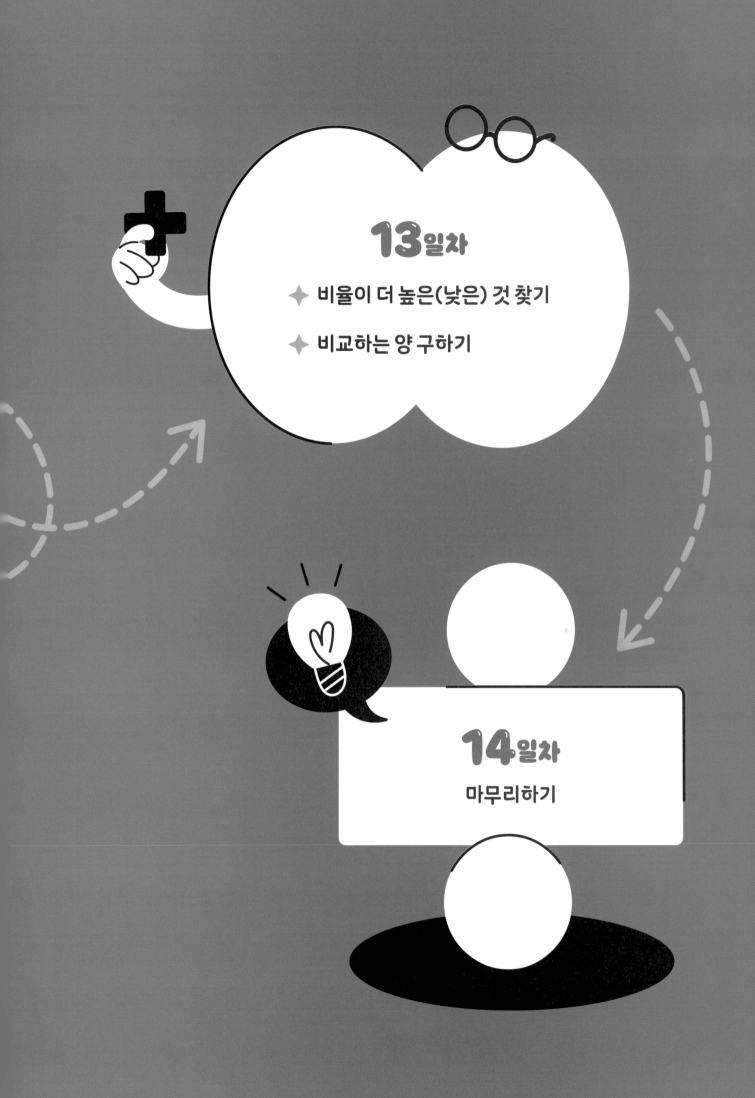

1 그림을 보고 ☐ 안에 알맞은 수를 써넣으세요.

(1) 오이의 수와 가지의 수의 비 ⇨ ☐ : ☐

(2) 오이의 수에 대한 가지의 수의 비 ⇨ ☐ : ☐

(3) 가지의 수에 대한 오이의 수의 비 ⇨ ☐ : ☐

2 비에서 비교하는 양과 기준량을 각각 써 보세요.

(1) 5 : 9 ⇨ 비교하는 양: ☐, 기준량: ☐

(2) 13 : 7 ⇨ 비교하는 양: ☐, 기준량: ☐

3 비를 보고 비율을 분수와 소수로 나타내어 보세요.

(1) 7 : 25

(2) 11 : 44

분수 (   )   분수 (   )

소수 (   )   소수 (   )

정답 13쪽

4 비율 $\dfrac{9}{20}$ 를 두 가지 방법으로 백분율로 나타내려고 합니다. ☐ 안에 알맞은 수를 써넣으세요.

[방법 1] $\dfrac{9}{20} = \dfrac{\boxed{}}{100} \Rightarrow \boxed{} \%$

[방법 2] $\dfrac{9}{20} \times \boxed{} = \boxed{} \Rightarrow \boxed{} \%$

5 비율을 백분율로 나타내어 보세요.

(1) $\dfrac{1}{2} \Rightarrow \boxed{} \%$

(2) $0.53 \Rightarrow \boxed{} \%$

6 빈칸에 알맞은 수를 써넣으세요.

분수	소수	백분율(%)
$\dfrac{81}{100}$	0.81	
$\dfrac{3}{20}$		

7 비율이 다른 하나를 찾아 ◯표 하세요.

$\dfrac{4}{25}$	16 %	0.26

12일 비, 비율 구하기

이것만 알자

3 대 4
3과 4의 비
3의 4에 대한 비
4에 대한 3의 비

➔ [비] 3 : 4   [비율] $\frac{3}{4}$

비교하는 양 · 기준량 · 비교하는 양 · 기준량

예 서진이는 칠교 조각으로 모양 만들기 놀이를 하고 있습니다.
칠교 조각에 있는 사각형의 수와 삼각형의 수의 비를 쓰고,
비율을 분수로 나타내어 보세요.

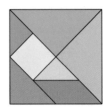

기준량은 삼각형의 수, 비교하는 양은 사각형의 수이므로

사각형의 수와 삼각형의 수의 비는 2 : 5이고, 비율을 분수로 나타내면 $\frac{2}{5}$입니다.

비   2 : 5   비율 $\frac{2}{5}$

1 수연이의 책장에는 위인전이 25권, 동화책이 16권 꽂혀 있습니다. 수연이의 책장에 꽂혀 있는 위인전의 수와 동화책의 수의 비를 쓰고, 비율을 분수로 나타내어 보세요.

비 (   ), 비율 (   )

2 주머니 속에 빨간 구슬이 7개, 노란 구슬이 11개 들어 있습니다. 주머니 속에 들어 있는 빨간 구슬의 수와 노란 구슬의 수의 비를 쓰고, 비율을 분수로 나타내어 보세요.

비 (   ), 비율 (   )

정답 13쪽

왼쪽 ❶, ❷번과 같이 문제의 핵심 부분에 색칠하고,
문제를 풀어 보세요.

❸ 우진이는 친구들과 볼 공연을 예매하려고 합니다. 전체 좌석 수가 120석인 공연장에 남은 좌석 수가 15석일 때 전체 좌석 수에 대한 남은 좌석 수의 비를 쓰고, 비율을 분수로 나타내어 보세요.

비 ( ), 비율 ( )

❹ 도현이네 학교의 남학생은 72명, 여학생은 80명입니다. 도현이네 학교의 남학생의 수의 여학생의 수에 대한 비를 쓰고, 비율을 분수로 나타내어 보세요.

비 ( ), 비율 ( )

❺ 지후는 빨간색 페인트 36 L와 파란색 페인트 32 L를 섞어 보라색 페인트를 만들었습니다. 빨간색 페인트의 양에 대한 파란색 페인트의 양의 비를 쓰고, 비율을 분수로 나타내어 보세요.

비 ( ), 비율 ( )

백분율로 나타내기

몇 %인가?
➡ 비율에 100을 곱한 값에 %를 붙이기

예) 수학 경시대회에 참가한 학생 240명 중에서 60명이 본선에 진출했습니다. 참가한 학생 수에 대한 본선에 진출한 학생 수의 비율은 몇 %일까요?

참가한 학생 수에 대한 본선에 진출한 학생 수의 비율: $\dfrac{60}{240}$

따라서 $\dfrac{60}{240} \times 100 = 25$이므로 25 %입니다.

답 _____25 %_____

① 우현이는 고리 던지기를 하였습니다. 고리를 15개 던져서 6개를 걸었다면 던진 고리 수에 대한 건 고리 수의 비율은 몇 %일까요?

(%)

② 다은이네 학교 학생 200명 중에서 26명이 안경을 썼습니다. 다은이네 학교 전체 학생 수에 대한 안경을 쓴 학생 수의 비율은 몇 %일까요?

(%)

왼쪽 **1**, **2**번과 같이 문제의 핵심 부분에 색칠하고, 문제를 풀어 보세요.

정답 14쪽

┌─● 제비뽑기를 하기 위해 미리 적어 놓은 종이나 물건

3 상자 안에 제비가 30장 들어 있고, 그중 당첨 제비가 18장입니다. 전체 제비 수에 대한 당첨 제비 수의 비율은 몇 %일까요?

(   )

4 전체 넓이가 28 m²인 꽃밭이 있습니다. 그중 21 m²에 튤립을 심었습니다. 전체 꽃밭의 넓이에 대한 튤립을 심은 꽃밭의 넓이의 비율은 몇 %일까요?

(   )

5 어느 공장에서 장난감을 350개 만들 때마다 불량품이 14개 나온다고 합니다. 전체 장난감 수에 대한 불량품 수의 비율은 몇 %일까요?

(   )

13일 비율이 더 높은(낮은) 것 찾기

이것만 알자

비율이 더 높은(낮은) 것은?
➔ 비율을 모두 같은 형태로 나타내어 크기 비교하기
└● 분수, 소수, 백분율

예 학교에서 마라톤 대회를 개최하여 5학년과 6학년 학생들이 참여했습니다. 전체 학생 수에 대한 참여한 학생 수의 비율이 더 높은 학년은 몇 학년인지 구해 보세요.

학년	전체 학생 수(명)	참여한 학생 수(명)
5학년	120	30
6학년	130	39

전체 학생 수에 대한 참여한 학생 수의 비율이

5학년은 $\frac{30}{120}$ = 0.25이고,

6학년은 $\frac{39}{130}$ = 0.3입니다.

따라서 전체 학생 수에 대한 참여한 학생 수의 비율이 더 높은 학년은 6학년입니다.

답   6학년

1 현장학습을 갈 때 버스를 타는 것에 찬성하는 학생 수를 조사했습니다. 전체 학생 수에 대한 찬성하는 학생 수의 비율이 더 낮은 반은 어느 반인지 구해 보세요.

반	전체 학생 수(명)	찬성하는 학생 수(명)
1반	25	16
2반	20	15

(   )

정답 14쪽

왼쪽 **1**번과 같이 문제의 핵심 부분에 색칠하고,
문제를 풀어 보세요.

2 윤서와 민서가 농구대에 공을 던진 횟수와 그중 골을 성공한 횟수를 나타낸
표입니다. 공을 던진 횟수에 대한 골을 성공한 횟수의 비율이 더 높은 사람은
누구인지 구해 보세요.

이름	공을 던진 횟수(회)	골을 성공한 횟수(회)
윤서	15	9
민서	25	17

(   )

3 두 고궁의 전체 관람객 수와 어린이 관람객 수를 나타낸 표입니다. 전체 관람객 수에
대한 어린이 관람객 수의 비율이 더 높은 고궁은 어느 고궁인지 구해 보세요.

고궁	전체 관람객 수(명)	어린이 관람객 수(명)
가	180	144
나	150	108

(   )

4 도준이와 민호는 매실 주스를 만들었습니다. 매실 주스 양에 대한 매실 원액 양의
비율이 더 낮은 사람은 누구인지 구해 보세요.

이름	매실 주스 양(mL)	매실 원액 양(mL)
도준	243	9
민호	300	12

(   )

이것만 알자

$$(비교하는 \ 양) = (기준량) \times (비율)$$

$$= (기준량) \times \frac{(백분율)}{100}$$

예 전교 회장 선거에서 300명이 투표하여 55 %의 득표율로 우현이가 당선되었습니다. 우현이가 얻은 표는 몇 표일까요?

• 기준량

• 비교하는 양

---

55 %를 분수로 나타내면 $\frac{55}{100}$ 입니다.

⇨ (우현이의 득표수) $= 300 \times \frac{55}{100} = 165$(표)

답   165표

---

1 어느 농장에서 키우는 가축 250마리의 32 %가 양입니다. 이 농장에서 키우는 양은 몇 마리일까요?

• 기준량

• 비교하는 양

(　　　　　　　 마리)

2 어느 미술관의 주말 동안 전체 관람객 수는 340명입니다. 전체 관람객 수에 대한 여자 관람객 수의 비율이 0.55일 때 여자 관람객은 몇 명일까요?

• 기준량

• 비교하는 양

(　　　　　　　 명)

정답 15쪽

왼쪽 **1**, **2**번과 같이 문제의 핵심 부분에 색칠하고,
문제를 풀어 보세요.

3 어느 학교의 축구팀이 32경기에 출전하여 25 %의 승률을 기록했습니다.
이 축구팀이 이긴 경기는 몇 경기일까요?

(   )

4 어느 피자 가게에서 오늘 판매한 피자는 64판입니다. 판매한 전체 피자 수에 대한
불고기 피자 수의 비율이 $\frac{3}{8}$일 때 불고기 피자는 몇 판일까요?

(   )

5 어느 빵집에서 케이크를 17 % 할인하여 판매하고
있습니다. 수현이가 이 빵집에서 28000원짜리
케이크를 살 때 할인받는 금액은 얼마일까요?

(   )

14일 마무리하기

62쪽

1 연필이 16자루, 볼펜이 20자루 있습니다. 연필의 수와 볼펜의 수의 비를 쓰고, 비율을 분수로 나타내어 보세요.

비 (   )

비율 (   )

62쪽

2 메밀전을 만들기 위해 물 4컵과 메밀가루 10컵을 섞어 반죽을 만들었습니다. 물의 양의 메밀가루의 양에 대한 비를 쓰고, 비율을 분수로 나타내어 보세요.

비 (   )

비율 (   )

64쪽

3 직사각형의 가로가 21 cm, 세로가 42 cm입니다. 이 직사각형의 세로에 대한 가로의 비율은 몇 %일까요?

(   )

64쪽

4 어느 야구 선수가 35타수 중에서 안타를 7개 쳤습니다. 이 야구 선수의 전체 타수에 대한 안타 수의 비율은 몇 %일까요?

(   )

66쪽

5 서린이와 지유는 투호를 했습니다.
던진 화살 수에 대한 병 속에 넣은 화살
수의 비율이 더 높은 사람은 누구인지
구해 보세요.

이름	던진 화살 수(개)	병 속에 넣은 화살 수(개)
서린	15	12
지유	10	7

(　　　　　　　　　)

66쪽

6 두 자동차가 달린 거리와 걸린 시간을
나타낸 표입니다. 걸린 시간에 대한
달린 거리의 비율이 더 낮은 자동차는
어느 자동차인지 구해 보세요.

자동차	달린 거리 (km)	걸린 시간 (시간)
가	178	2
나	255	3

(　　　　　　　　　)

68쪽

7 어느 가게에서는 우산을 살 때마다
적립금을 준다고 합니다. 우산 가격에
대한 적립 금액의 비율이 0.08이라면
12000원짜리 우산을 살 때 적립금은
얼마일까요?

(　　　　　　　　　)

8 68쪽　　　　　　　　　**도전 문제**

영우는 놀이공원에서 학생 할인을 받아
입장료를 20 % 할인받을 수 있다고
합니다. 입장료가 15000원일 때 영우는
얼마를 내야 하는지 구해 보세요.

❶ 20 %를 분수로 나타내기
→ (　　　　　　　　)

❷ 영우가 할인받는 금액
→ (　　　　　　　　)

❸ 영우가 내야 하는 금액
→ (　　　　　　　　)

5 여러 가지 그래프

준비
기본 문제로
문장제 준비하기

15일차

◆ 가장 많은 항목 찾기

◆ 항목의 백분율 구하기

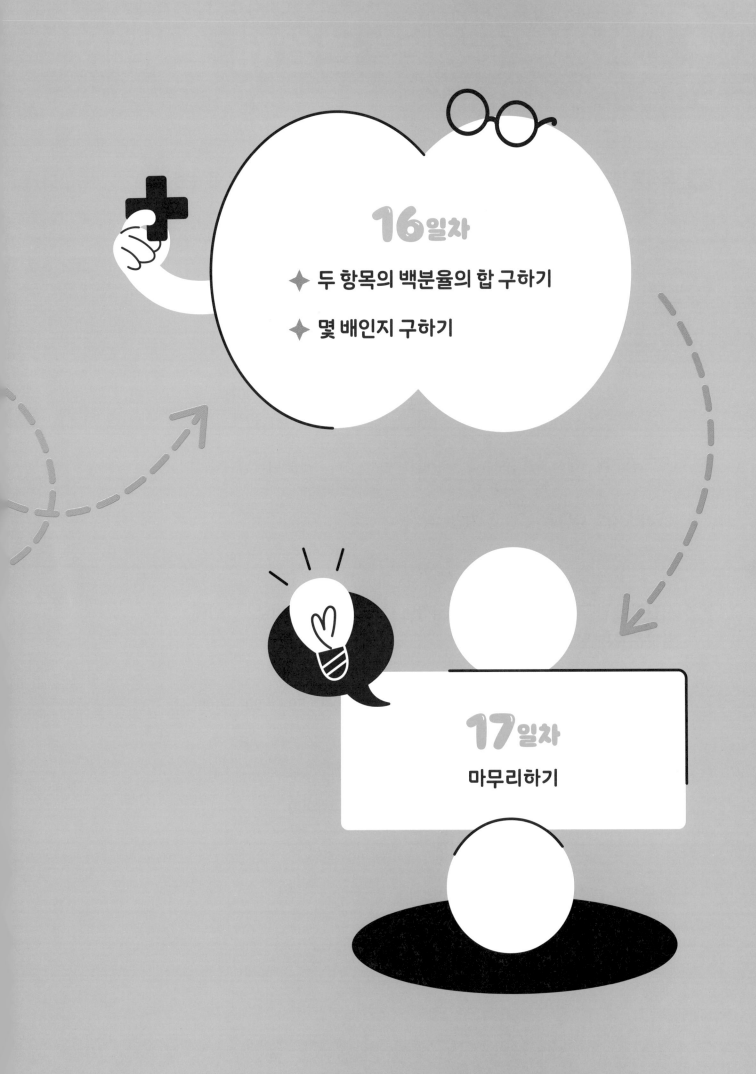

1 도시별 병원 수를 조사하여 나타낸 그림그래프입니다. ☐ 안에 알맞은 수를 써넣으세요.

도시별 병원 수

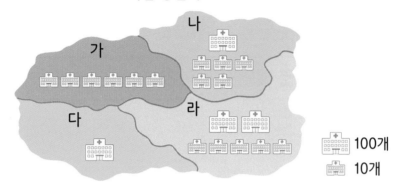

100개
10개

(1) 그림그래프에서 🏥은 [ ]개, 🏥은 [ ]개를 나타냅니다.

(2) 라 도시의 병원은 [ ]개입니다.

2 시원이네 반 학생들의 혈액형을 조사하여 나타낸 그래프입니다. ☐ 안에 알맞은 수나 말을 써넣으세요.

혈액형별 학생 수

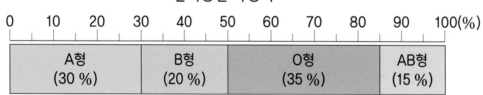

(1) 전체에 대한 각 부분의 비율을 띠 모양에 나타낸 그래프를 [ ](이)라고 합니다.

(2) 작은 눈금 한 칸은 [ ]%를 나타냅니다.

(3) 혈액형이 B형인 학생은 전체의 [ ]%입니다.

3 민재네 반 학급문고에 있는 종류별 책의 수를 조사하여 나타낸 그래프입니다.
☐ 안에 알맞은 수나 말을 써넣으세요.

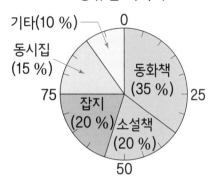

(1) 전체에 대한 각 부분의 비율을 원 모양에 나타낸 그래프를

☐ (이)라고 합니다.

(2) 작은 눈금 한 칸은 ☐ %를 나타냅니다.

(3) 학급문고에 있는 책 중 **15 %**의 비율을 차지하는 것은 ☐ 입니다.

4 예준이네 반 학생들이 가고 싶어 하는 소풍 장소별 학생 수를 조사하여 나타낸
띠그래프입니다. 설명이 맞으면 ○표, 틀리면 ✕표 하세요.

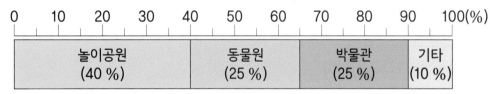

(1) 놀이공원에 가고 싶어 하는 학생은 전체의 **30 %**입니다.

( )

(2) 가고 싶어 하는 소풍 장소별 학생 수의 비율이 같은 장소는 동물원과 박물관입
니다.

( )

15일   가장 많은 항목 찾기

이것만 알자

가장 많은 항목은?
┌ **그림그래프 ➡ 큰 그림의 수가 가장 많은 항목 찾기**
└ **비율그래프 ➡ 백분율이 가장 높은 항목 찾기**

🍀 지역별 놀이터의 수를 조사하여 나타낸 그림그래프입니다. 놀이터가 가장 많은 지역은 어느 지역일까요?

지역별 놀이터의 수

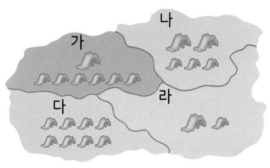

🏔 100곳
🏔 10곳

- -

놀이터가 가장 많은 지역은 🏔의 수가 가장 많은 나 지역입니다.

답   나 지역

큰 그림의 수가 같으면 작은 그림의 수를 비교해요.

1 윤서네 집 신발장에 있는 신발의 종류를 조사하여 나타낸 원그래프입니다. 수가 가장 많은 신발의 종류는 무엇일까요?

종류별 신발 수

기타(10 %)   0
슬리퍼(10 %)
운동화 (35 %)   25
75
샌들 (15 %)
구두 (30 %)
50

(   )

왼쪽 **1**번과 같이 문제의 핵심 부분에 색칠하고,
문제를 풀어 보세요.

정답 16쪽

2 서준이네 반 학생들이 좋아하는 운동을 조사하여 나타낸 띠그래프입니다. 가장 많은 학생이 좋아하는 운동은 무엇일까요?

좋아하는 운동별 학생 수

| 0 10 20 30 40 50 60 70 80 90 100(%) |

| 농구
(35 %) | 수영
(30 %) | 축구
(25 %) | 기타
(10 %) |

(   )

3 윤우네 학교 학생들이 태어난 계절을 조사하여 나타낸 원그래프입니다. 가장 많은 학생이 태어난 계절은 언제일까요?

태어난 계절별 학생 수

겨울 (25 %) 봄 (25 %)
가을 (20 %) 여름 (30 %)

(   )

4 과수원별 사과 수확량을 조사하여 나타낸 그림그래프입니다. 사과 수확량이 가장 많은 과수원은 어느 과수원일까요?

과수원별 사과 수확량

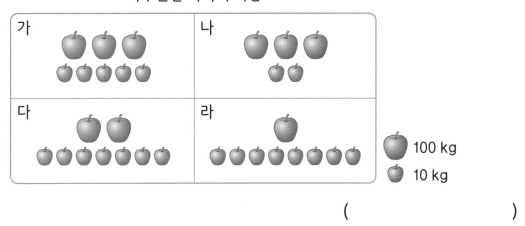

🍎 100 kg
🍎 10 kg

(   )

항목의 백분율 구하기

모르는 항목의 백분율은?
➔ 100 − (나머지 항목의 백분율의 합)

예 시은이네 집의 한 달 생활비의 쓰임새를 나타낸 띠그래프입니다.
교육비는 전체의 몇 %일까요?

생활비의 쓰임새별 금액

식품비 (35 %)	교육비	저축 (17 %)	주거비 (15 %)	기타 (8 %)

- -

(교육비의 백분율) = 100 − (35 + 17 + 15 + 8) = 100 − 75 = 25(%)

답   25 %

---

1 하린이네 집의 지난달 관리비 사용 내역을 조사하여 나타낸 띠그래프입니다.
수도료는 전체의 몇 %일까요?

관리비 사용 내역별 금액

난방비 (40 %)	전기료 (20 %)	수도료	온수비 (15 %)	기타 (5 %)

(%)

2 지윤이네 학교 6학년 학생들이 키우고 싶어 하는
반려동물을 조사하여 나타낸 원그래프입니다. 앵무새를
키우고 싶어 하는 학생은 전체의 몇 %일까요?

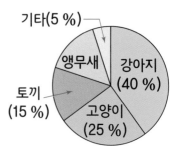

반려동물별 학생 수

기타(5 %)
앵무새
강아지 (40 %)
토끼 (15 %)
고양이 (25 %)

(%)

왼쪽 ❶, ❷번과 같이 문제의 핵심 부분에 색칠하고,
문제를 풀어 보세요.

정답 17쪽

3 유하네 학교 학생들이 생일에 받고 싶어 하는 선물을 조사하여 나타낸 띠그래프입니다. 자전거를 받고 싶어 하는 학생은 전체의 몇 %일까요?

받고 싶어 하는 선물별 학생 수

신발 (33 %)	학용품 (27 %)	가방 (20 %)	자전거	기타 (7 %)

(   )

4 단아네 반 학생들이 주말에 컴퓨터를 한 시간을 조사하여 나타낸 원그래프입니다. 컴퓨터를 3시간 이상 한 학생은 전체의 몇 %일까요?

주말에 컴퓨터를 한 시간

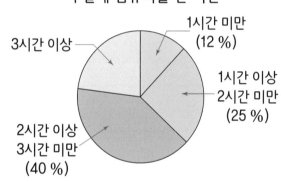

(   )

5 재이네 아파트에서 일주일 동안 배출한 재활용품을 종류별로 조사하여 나타낸 원그래프입니다. 종이류는 전체의 몇 %일까요?

재활용품 종류별 배출량

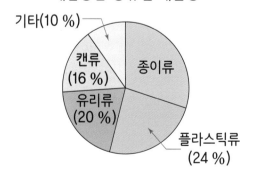

(   )

16일 두 항목의 백분율의 합 구하기

■ 또는 ●는 전체의 몇 %인가?
→ (■의 백분율)+(●의 백분율)

예 지아네 학교 학생들이 좋아하는 색깔을 조사하여 나타낸 띠그래프입니다.
노랑 또는 초록을 좋아하는 학생은 전체의 몇 %일까요?

좋아하는 색깔별 학생 수

노랑 (27 %)	빨강 (23 %)	초록 (20 %)	보라 (16 %)	기타 (14 %)

(노랑의 백분율) + (초록의 백분율) = 27 + 20 = 47(%)

답   47 %

---

1 유선이네 반 학생들의 장래 희망을 조사하여 나타낸
원그래프입니다. 가수 또는 유튜버가 되고 싶은
학생은 전체의 몇 %일까요?

장래 희망별 학생 수

(%)

---

2 준호가 한 달 동안 사용한 용돈의 쓰임새를 조사하여 나타낸 띠그래프입니다.
학용품 또는 교통비에 사용한 용돈은 전체의 몇 %일까요?

용돈의 쓰임새별 금액

간식 (40 %)	학용품 (22 %)	저금 (16 %)	교통비 (13 %)	기타 (9 %)

(%)

정답 17쪽

왼쪽 ①, ②번과 같이 문제의 핵심 부분에 색칠하고, 문제를 풀어 보세요.

③ 도준이네 학교 학생들이 배우고 싶어 하는 악기를 조사하여 나타낸 원그래프입니다. 피아노 또는 플루트를 배우고 싶어 하는 학생은 전체의 몇 %일까요?

(   )

배우고 싶어 하는 악기별 학생 수

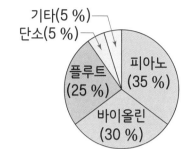

④ 민경이네 학교 6학년 학생들이 좋아하는 과일을 조사하여 나타낸 원그래프입니다. 귤 또는 배를 좋아하는 학생은 전체의 몇 %일까요?

(   )

좋아하는 과일별 학생 수

⑤ 어느 대리점의 종류별 가전제품 판매량을 조사하여 나타낸 띠그래프입니다. 에어컨 또는 컴퓨터의 판매량은 전체의 몇 %일까요?

종류별 가전제품 판매량

세탁기 (37 %)	냉장고 (28 %)	에어컨 (19 %)	컴퓨터 (11 %)	기타 (5 %)

(   )

몇 배인지 구하기

■는 ●의 몇 배인가?
→ (■의 백분율)÷(●의 백분율)

예 새봄이네 반 학생들이 좋아하는 분식을 조사하여 나타낸 띠그래프입니다.
떡볶이를 좋아하는 학생 수는 어묵을 좋아하는 학생 수의 몇 배일까요?

좋아하는 분식별 학생 수

떡볶이 (40 %)	김밥 (36 %)	튀김 (12 %)	어묵 (8 %)	기타 (4 %)

(떡볶이의 백분율)÷(어묵의 백분율) = 40÷8 = 5(배)

답 _____5배_____

---

1 하정이네 학교 6학년 학생들이 가고 싶어 하는 수학 여행 장소를 조사하여 나타낸 원그래프입니다. 제주도를 가고 싶어 하는 학생 수는 부산을 가고 싶어 하는 학생 수의 몇 배일까요?

(배)

수학 여행 장소별 학생 수

기타(5 %)
울릉도 (15 %)
부산 (15 %)
경주 (20 %)
제주도 (45 %)

---

2 소혜네 학교 학생들이 좋아하는 채소를 조사하여 나타낸 띠그래프입니다.
시금치를 좋아하는 학생 수는 브로콜리를 좋아하는 학생 수의 몇 배일까요?

좋아하는 채소별 학생 수

시금치 (34 %)	당근 (30 %)	브로콜리 (17 %)	오이 (12 %)	기타 (7 %)

(배)

정답 18쪽

왼쪽 **1**, **2**번과 같이 문제의 핵심 부분에 색칠하고,
문제를 풀어 보세요.

3 어느 농장에서 기르는 가축 수를 조사하여 나타낸
원그래프입니다. 농장에서 기르는 소의 수는 염소의
수의 몇 배일까요?

농장에서 기르는 가축 수

기타(5 %)
염소
(10 %)
닭
(25 %)
소
(60 %)

(   )

4 윤슬이네 학교 학생들의 취미를 조사하여 나타낸
원그래프입니다. 취미가 운동인 학생 수는 게임인
학생 수의 몇 배일까요?

취미별 학생 수

기타(5 %)
게임
(9 %)
음악 감상
(18 %)
운동
(36 %)
독서
(32 %)

(   )

5 어느 수목원에 있는 종류별 나무 수를 조사하여 나타낸 띠그래프입니다.
소나무의 수는 느티나무의 수의 몇 배일까요?

종류별 나무 수

소나무 (39 %)	벚나무 (22 %)	은행나무 (20 %)	느티나무 (13 %)	기타 (6 %)

(   )

17일 마무리하기

76쪽

1 동물원별 입장객 수를 조사하여 나타낸 그림그래프입니다. 입장객 수가 가장 많은 동물원은 어느 동물원일까요?

동물원별 입장객 수

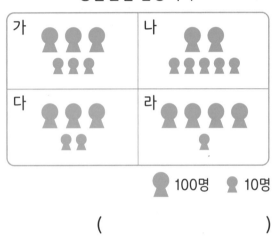

👤 100명   👤 10명

(   )

76쪽

2 세아네 학교 회장 선거에서 후보자별 득표수를 나타낸 띠그래프입니다. 득표수가 가장 많은 후보는 누구일까요?

후보자별 득표수

세아 (20 %)	영우 (25 %)	민지 (40 %)	찬혁 (15 %)

(   )

78쪽

3 태린이네 반 학생들이 좋아하는 날씨를 조사하여 나타낸 원그래프입니다. 눈이 오는 날씨를 좋아하는 학생은 전체의 몇 %일까요?

좋아하는 날씨별 학생 수

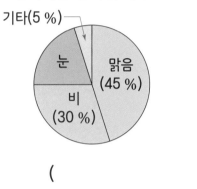

(   )

78쪽

4 수연이네 학교 학생들의 가족 수를 조사하여 나타낸 띠그래프입니다. 가족 수가 3명인 학생은 전체의 몇 %일까요?

학생들의 가족 수

3명	4명 (40 %)	5명 (15 %)	

기타(10 %)

(   )

82쪽

5 미호네 반 학생들의 등교 방법을 조사하여 나타낸 원그래프입니다. 도보로 등교하는 학생 수는 자전거로 등교하는 학생 수의 몇 배일까요?

등교 방법별 학생 수

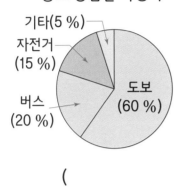

(   )

80쪽

6 아린이네 학교 학생들의 거주지별 학생 수를 조사하여 나타낸 원그래프입니다. 나 마을 또는 마 마을에 살고 있는 학생은 전체의 몇 %일까요?

거주지별 학생 수

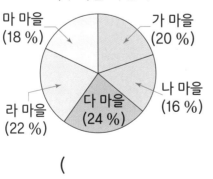

(   )

80쪽

7 지율이네 학교 학생들이 여름에 놀러 가고 싶은 곳을 조사하여 나타낸 띠그래프입니다. 바다 또는 산에 놀러 가고 싶은 학생은 전체의 몇 %일까요?

놀러 가고 싶은 곳별 학생 수

바다 (47 %)	계곡 (25 %)	산 (20 %)	

기타(8 %)

(   )

8 78쪽 82쪽   **도전 문제**

이솔이네 학교 학생들이 좋아하는 꽃을 조사하여 나타낸 띠그래프입니다. 백합을 좋아하는 학생 수는 장미를 좋아하는 학생 수의 몇 배일까요?

좋아하는 꽃별 학생 수

민들레 (40 %)	백합	튤립 (15 %)		

장미(8 %)
기타(5 %)

❶ 백합의 백분율 구하기

→ (   )

❷ 백합을 좋아하는 학생 수는 장미를 좋아하는 학생 수의 몇 배인지 구하기

→ (   )

6 직육면체의 부피와 겉넓이

준비
계산으로
문장제 준비하기

18일차

✦ 직육면체의 부피 구하기

✦ 직육면체의 겉넓이 구하기

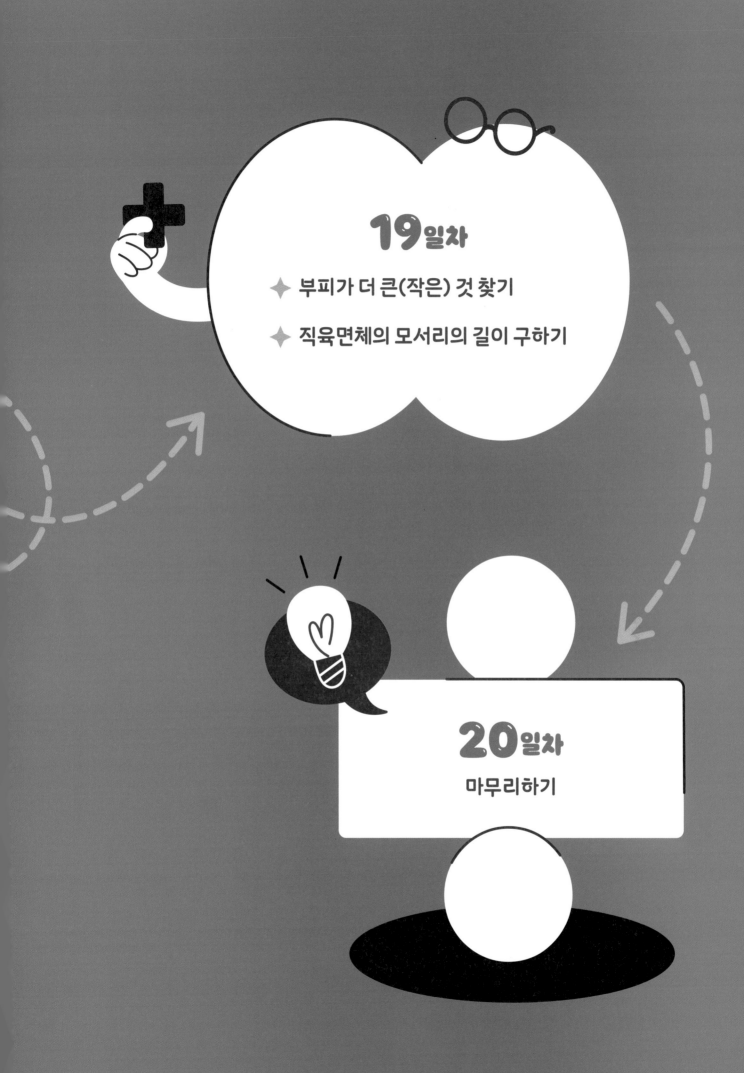

◆ 직육면체의 부피는 몇 cm³인지 구해 보세요.

1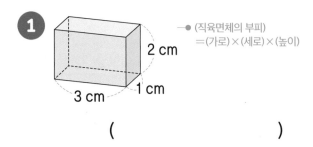

→● (직육면체의 부피)
＝(가로)×(세로)×(높이)

( )

5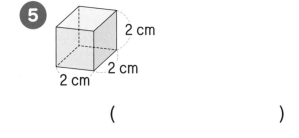

( )

2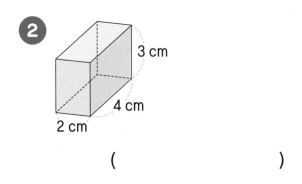

( )

6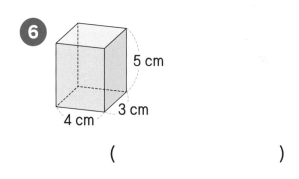

( )

3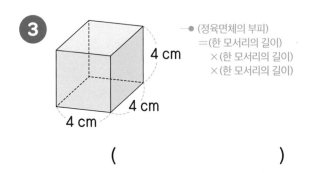

→● (정육면체의 부피)
＝(한 모서리의 길이)
×(한 모서리의 길이)
×(한 모서리의 길이)

( )

7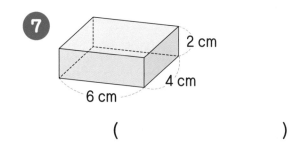

( )

4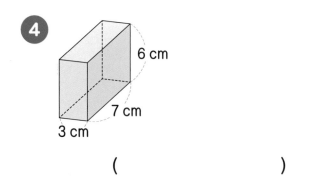

( )

8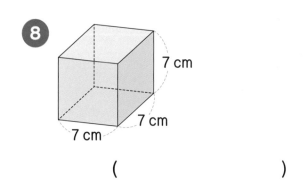

( )

정답 19쪽

◆ 직육면체의 겉넓이는 몇 cm²인지 구해 보세요.

9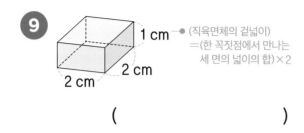

(직육면체의 겉넓이)
＝(한 꼭짓점에서 만나는
　세 면의 넓이의 합)×2

(   )

13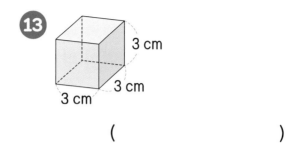

(   )

10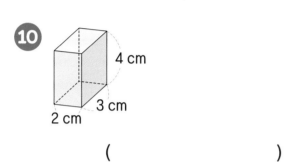

(   )

14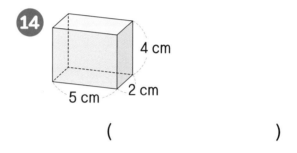

(   )

11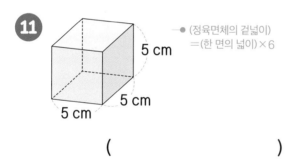

(정육면체의 겉넓이)
＝(한 면의 넓이)×6

(   )

15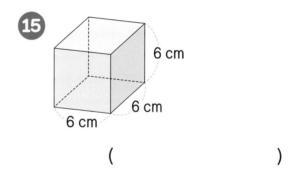

(   )

12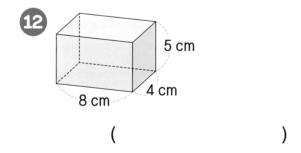

(   )

16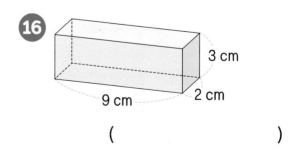

(   )

18일 직육면체의 부피 구하기

이것만 알자
(직육면체의 부피)=(가로)×(세로)×(높이)
(정육면체의 부피)=(한 모서리의 길이)×(한 모서리의 길이)
×(한 모서리의 길이)

예 가로가 6 cm, 세로가 5 cm, 높이가 8 cm인 직육면체의
부피는 몇 cm³일까요?

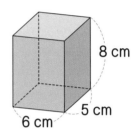

(직육면체의 부피) = (가로) × (세로) × (높이)

식   6 × 5 × 8 = 240   답   240 cm³

---

1 가로가 9 cm, 세로가 7 cm, 높이가 4 cm인
직육면체의 부피는 몇 cm³일까요?

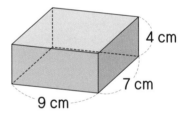

식   9 × 7 × 4 = ☐

답 ☐ cm³

2 한 모서리의 길이가 8 cm인 정육면체의 부피는
몇 cm³일까요?

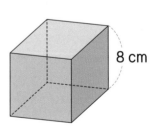

식   8 × 8 × 8 = ☐

답 ☐ cm³

정답 19쪽

왼쪽 ❶, ❷번과 같이 문제의 핵심 부분에 색칠하고, 문제를 풀어 보세요.

❸ 가로가 5 cm, 세로가 3 cm, 높이가 7 cm인 직육면체의 부피는 몇 cm³일까요?

식 _____ 답 _____

❹ 가로가 6 cm, 세로가 12 cm, 높이가 8 cm인 직육면체의 부피는 몇 cm³일까요?

식 _____ 답 _____

❺ 한 모서리의 길이가 5 cm인 정육면체의 부피는 몇 cm³일까요?

식 _____ 답 _____

❻ 한 모서리의 길이가 11 cm인 정육면체의 부피는 몇 cm³일까요?

식 _____ 답 _____

이것만 알자

(직육면체의 겉넓이)
=(한 꼭짓점에서 만나는 세 면의 넓이의 합)×2
└● (가로)×(세로)+(가로)×(높이)+(세로)×(높이)

(정육면체의 겉넓이)=(한 면의 넓이)×6
└● (한 모서리의 길이)×(한 모서리의 길이)

예 소현이는 한 모서리의 길이가 12 cm인 정육면체 모양의 보석함을 만들려고 합니다. 보석함의 겉넓이는 몇 cm²일까요?

(보석함의 겉넓이) = (한 면의 넓이) × 6

식 $12 \times 12 \times 6 = 864$ 답 864 cm²

---

1 하울이는 한 모서리의 길이가 2 cm인 정육면체 모양의 주사위를 만들려고 합니다. 주사위의 겉넓이는 몇 cm²일까요?

식 $2 \times 2 \times 6 =$ ☐   답 ☐ cm²

2 영재는 가로가 5 cm, 세로가 5 cm, 높이가 2 cm인 직육면체 모양의 비누를 만들려고 합니다. 비누의 겉넓이는 몇 cm²일까요?

식 $(5 \times 5 + 5 \times 2 + 5 \times 2) \times 2 =$ ☐

답 ☐ cm²

3 현진이는 한 모서리의 길이가 10 cm인 정육면체 모양의 나무 상자를 만들려고
합니다. 나무 상자의 겉넓이는 몇 cm²일까요?

식 _____ 답 _____

4 지원이네 어머니께서 한 모서리의 길이가 8 cm인 정육면체 모양의 두부를
만들려고 합니다. 두부의 겉넓이는 몇 cm²일까요?

식 _____ 답 _____

5 가은이는 가로가 10 cm, 세로가 6 cm, 높이가 9 cm인 직육면체 모양의
선물 상자를 만들려고 합니다. 선물 상자의 겉넓이는 몇 cm²일까요?

식 _____ 답 _____

6 현서는 가로가 30 cm, 세로가 12 cm, 높이가 5 cm인 직육면체 모양의
발 받침대를 만들려고 합니다. 발 받침대의 겉넓이는 몇 cm²일까요?

식 _____ 답 _____

19일 부피가 더 큰(작은) 것 찾기

이것만 알자

부피가 큰(작은) 것부터 쓰면?
➡️ 부피를 같은 단위로 나타내어 비교하기

🍀 예 부피가 큰 것부터 차례대로 기호를 써 보세요.

> ㉠ 2000000 cm³
> ㉡ 19000 cm³
> ㉢ 한 모서리의 길이가 100 cm인 정육면체의 부피

㉢ (정육면체의 부피) = 100 × 100 × 100 = 1000000(cm³)

따라서 부피가 큰 것부터 차례대로 기호를 쓰면 ㉠, ㉢, ㉡입니다.

답   ㉠, ㉢, ㉡

---

1 부피가 큰 것부터 차례대로 기호를 써 보세요.

> ㉠ 63 m³
> ㉡ 한 모서리의 길이가 800 cm인 정육면체의 부피
> ㉢ 6000000 cm³

(   )

2 부피가 작은 것부터 차례대로 기호를 써 보세요.

> ㉠ 3 m³
> ㉡ 370000 cm³
> ㉢ 가로가 100 cm, 세로가 30 cm, 높이가 70 cm인 직육면체의 부피

(   )

정답 20쪽

왼쪽 **①**, **②**번과 같이 문제의 핵심 부분에 색칠하고,
문제를 풀어 보세요.

③ 부피가 큰 것부터 차례대로 기호를 써 보세요.

> ㉠ 410000 cm³
> ㉡ 가로가 300 cm, 세로가 200 cm, 높이가 60 cm인 직육면체의 부피
> ㉢ 40 m³

(   )

④ 부피가 큰 것부터 차례대로 기호를 써 보세요.

> ㉠ 한 모서리의 길이가 6 m인 정육면체의 부피
> ㉡ 가로가 30 cm, 세로가 40 cm, 높이가 80 cm인 직육면체의 부피
> ㉢ 580000 cm³

(   )

⑤ 부피가 작은 것부터 차례대로 기호를 써 보세요.

> ㉠ 10 m³
> ㉡ 한 모서리의 길이가 2 m인 정육면체의 부피
> ㉢ 가로가 200 cm, 세로가 300 cm, 높이가 500 cm인 직육면체의 부피

(   )

이것만 알자 **(높이)＝(직육면체의 부피)÷(가로)÷(세로)**

예 직육면체의 부피는 180 cm³입니다. ☐ 안에 알맞은 수를 구해 보세요.

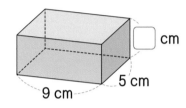

9 cm 5 cm ☐ cm

직육면체의 가로나
세로를 구할 때에도 같은
방법으로 계산해요.

(높이) = (직육면체의 부피) ÷ (가로) ÷ (세로)

= 180 ÷ 9 ÷ 5 = 4(cm)

답   4

① 직육면체의 부피는 144 cm³입니다. ☐ 안에 알맞은 수를 써넣으세요.

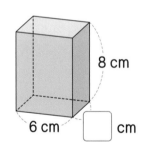

8 cm
6 cm ☐ cm

② 직육면체의 부피는 250 cm³입니다. ☐ 안에 알맞은 수를 써넣으세요.

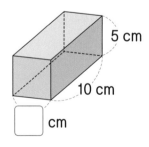

5 cm
10 cm
☐ cm

왼쪽 ❶, ❷번과 같이 문제의 핵심 부분에 색칠하고,
문제를 풀어 보세요.

정답 21쪽

3 직육면체의 부피는 168 cm³입니다. ☐ 안에 알맞은 수를 써넣으세요.

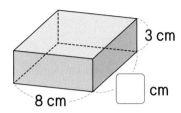

3 cm

☐ cm

8 cm

4 직육면체의 부피는 330 cm³입니다. ☐ 안에 알맞은 수를 써넣으세요.

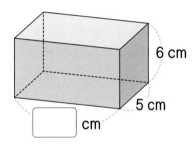

6 cm

5 cm

☐ cm

5 직육면체의 부피는 192 cm³입니다. ☐ 안에 알맞은 수를 써넣으세요.

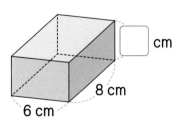

☐ cm

8 cm

6 cm

20일 마무리하기

90쪽

1 가로가 12 cm, 세로가 6 cm, 높이가 9 cm인 직육면체의 부피는 몇 cm^3일까요?

(   )

92쪽

3 라현이는 가로가 25 cm, 세로가 15 cm, 높이가 6 cm인 직육면체 모양의 보관함을 만들려고 합니다. 보관함의 겉넓이는 몇 cm^2일까요?

(   )

90쪽

2 한 모서리의 길이가 9 cm인 정육면체의 부피는 몇 cm^3일까요?

(   )

94쪽

4 부피가 큰 것부터 차례대로 기호를 써 보세요.

> ㉠ 6 m^3
> ㉡ 9000000 cm^3
> ㉢ 가로가 80 cm, 세로가 600 cm, 높이가 90 cm인 직육면체의 부피

(   )

94쪽

5 부피가 작은 것부터 차례대로 기호를 써 보세요.

> ㉠ 700000 cm³
> ㉡ 한 모서리의 길이가 3 m인 정육면체의 부피
> ㉢ 17 m³

(　　　　　　　　)

96쪽

6 직육면체의 부피는 1120 cm³입니다. ☐ 안에 알맞은 수를 써넣으세요.

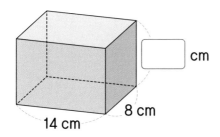

14 cm　8 cm　☐ cm

96쪽

7 직육면체의 부피는 819 cm³입니다. ☐ 안에 알맞은 수를 써넣으세요.

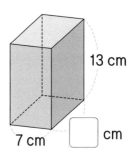

13 cm　7 cm　☐ cm

8 92쪽　　**도전 문제**

지안이는 한 면의 둘레가 24 cm인 정육면체 모양의 과자 상자를 만들려고 합니다. 과자 상자의 겉넓이는 몇 cm²인지 구해 보세요.

❶ 과자 상자의 한 모서리의 길이
→ (　　　　　　　　)

❷ 과자 상자의 겉넓이
→ (　　　　　　　　)

1회　실력 평가

① 현미 $\dfrac{39}{7}$ kg을 9봉지에 똑같이 나누어 담았습니다. 한 봉지에 담은 현미는 몇 kg일까요?

(　　　　　　　　　)

② 진규네 학교 6학년 학생들이 좋아하는 과목을 조사하여 나타낸 원그래프입니다. 영어를 좋아하는 학생 수는 수학을 좋아하는 학생 수의 몇 배일까요?

좋아하는 과목별 학생 수

기타(5 %)
과학(8 %)
수학(21 %)
영어(42 %)
국어(24 %)

(　　　　　　　　　)

③ 팔각기둥의 꼭짓점의 수는 몇 개일까요?

(　　　　　　　　　)

④ 무게가 같은 지점토 6봉지의 무게가 2.7 kg입니다. 지점토 한 봉지의 무게는 몇 kg일까요?

(　　　　　　　　　)

정답 22쪽

5 밑면과 옆면의 수와 모양이 다음과 같은 입체도형의 이름을 써 보세요.

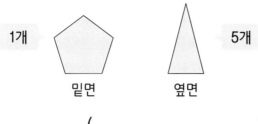

1개　밑면　옆면　5개

(　　　　　　　　　　)

6 전체 넓이가 150 m²인 밭의 64 %에 배추를 심었습니다. 배추를 심은 밭의 넓이는 몇 m²일까요?

(　　　　　　　　　　)

7 부피가 큰 것부터 차례대로 기호를 써 보세요.

> ㉠ 290000 cm³
> ㉡ 가로가 140 cm, 세로가 120 cm, 높이가 50 cm인 직육면체의 부피
> ㉢ 2 m³

(　　　　　　　　　　)

8 수 카드 4장 중 3장을 골라 한 번씩만 사용하여 가장 큰 소수 두 자리 수를 만들어 남은 수 카드의 수로 나누었을 때의 몫을 구해 보세요.

4　3　6　5

(　　　　　　　　　　)

2회 실력 평가

1 똑같은 공깃돌 8개의 무게가 45 g입니다. 공깃돌 한 개의 무게는 몇 g인지 분수로 나타내어 보세요.

(   )

2 가로가 7 cm, 세로가 8 cm, 높이가 9 cm인 직육면체의 부피는 몇 cm³일까요?

(   )

3 혜진이네 학교 학생들이 즐겨 보는 텔레비전 방송 프로그램을 조사하여 나타낸 띠그래프입니다. 교육은 전체의 몇 %일까요?

즐겨 보는 프로그램별 학생 수

예능 (36 %)	음악 (23 %)	교육	스포츠 (14 %)	

기타(8 %)

(   )

4 색연필이 17자루, 사인펜이 24자루 있습니다. 색연필의 수와 사인펜의 수의 비를 쓰고, 비율을 분수로 나타내어 보세요.

비 (   )

비율 (   )

5 각기둥과 각기둥의 전개도를 보고
☐ 안에 알맞은 수를 써넣으세요

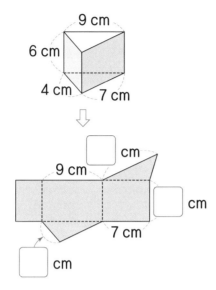

7 직육면체의 부피는 900 cm³입니다.
☐ 안에 알맞은 수를 써넣으세요.

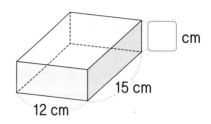

8 정우와 시아가 공을 발로 차서 골대에
넣은 횟수를 나타낸 표입니다. 공을
찬 횟수에 대한 골대에 넣은 횟수의
비율이 더 높은 사람은 누구인지 구해
보세요.

이름	공을 찬 횟수(회)	골대에 넣은 횟수(회)
정우	20	14
시아	25	18

(   )

6 9에 어떤 수를 곱했더니 18.36이
되었습니다. 어떤 수를 구해 보세요.

(   )

MEMO

6A

6학년 ◆ 기본

교과서 문해력

수학 문장제

완자 공부력

육각기둥의 꼭짓점의 수는 몇 개일까요?

꼭꼭 숨어라 …
꼭짓점 보일라 …

정답과 해설

정답과 해설
QR코드

공부로 이끄는 힘!

완자 공부력

교과서 문해력
수학 문장제 기본 6A

< 정답과 해설 >

1 분수의 나눗셈

❗ 계산 결과를 기약분수나 대분수로 나타내지 않아도 정답으로 인정합니다.

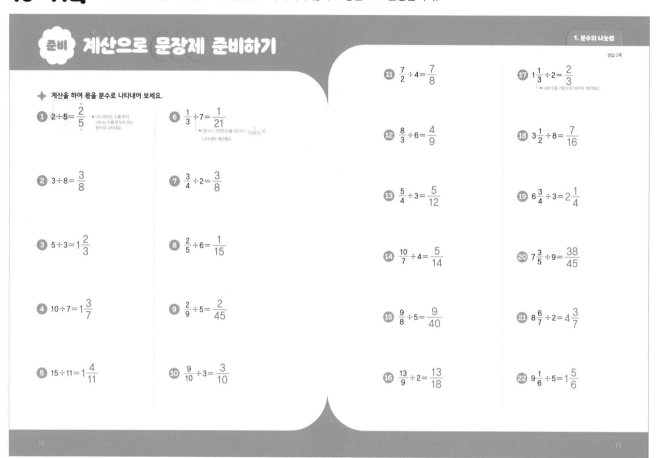

준비 계산으로 문장제 준비하기

1. 분수의 나눗셈

정답 2쪽

◆ 계산을 하여 몫을 분수로 나타내어 보세요.

① $2 \div 5 = \dfrac{2}{5}$ ← 나누어지는 수를 분자, 나누는 수를 분모로 하는 분수로 나타내요.

⑥ $\dfrac{1}{3} \div 7 = \dfrac{1}{21}$ ← (분수)÷(자연수)를 (분수)× $\dfrac{1}{(자연수)}$ 로 나타내어 계산해요.

② $3 \div 8 = \dfrac{3}{8}$

⑦ $\dfrac{3}{4} \div 2 = \dfrac{3}{8}$

③ $5 \div 3 = 1\dfrac{2}{3}$

⑧ $\dfrac{2}{5} \div 6 = \dfrac{1}{15}$

④ $10 \div 7 = 1\dfrac{3}{7}$

⑨ $\dfrac{2}{9} \div 5 = \dfrac{2}{45}$

⑤ $15 \div 11 = 1\dfrac{4}{11}$

⑩ $\dfrac{9}{10} \div 3 = \dfrac{3}{10}$

⑪ $\dfrac{7}{2} \div 4 = \dfrac{7}{8}$

⑰ $1\dfrac{1}{3} \div 2 = \dfrac{2}{3}$ ← 대분수를 가분수로 바꾸어 계산해요.

⑫ $\dfrac{8}{3} \div 6 = \dfrac{4}{9}$

⑱ $3\dfrac{1}{2} \div 8 = \dfrac{7}{16}$

⑬ $\dfrac{5}{4} \div 3 = \dfrac{5}{12}$

⑲ $6\dfrac{3}{4} \div 3 = 2\dfrac{1}{4}$

⑭ $\dfrac{10}{7} \div 4 = \dfrac{5}{14}$

⑳ $7\dfrac{3}{5} \div 9 = \dfrac{38}{45}$

⑮ $\dfrac{9}{8} \div 5 = \dfrac{9}{40}$

㉑ $8\dfrac{6}{7} \div 2 = 4\dfrac{3}{7}$

⑯ $\dfrac{13}{9} \div 2 = \dfrac{13}{18}$

㉒ $9\dfrac{1}{6} \div 5 = 1\dfrac{5}{6}$

10

11

❗ 계산 결과를 기약분수나 대분수로 나타내지 않아도 정답으로 인정합니다.

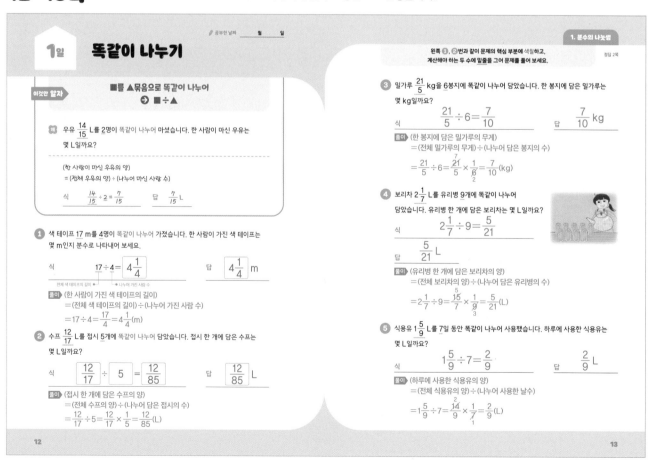

1일 똑같이 나누기

✏ 공부한 날짜 ___월 ___일

1. 분수의 나눗셈

정답 2쪽

이것만 알자 ■를 ▲묶음으로 똑같이 나누어 ➡ ■ ÷ ▲

예 우유 $\dfrac{14}{15}$ L를 2명이 똑같이 나누어 마셨습니다. 한 사람이 마신 우유는 몇 L일까요?

(한 사람이 마신 우유의 양)
= (전체 우유의 양) ÷ (나누어 마신 사람 수)

식 $\dfrac{14}{15} \div 2 = \dfrac{7}{15}$ 답 $\dfrac{7}{15}$ L

① 색 테이프 17 m를 4명이 똑같이 나누어 가졌습니다. 한 사람이 가진 색 테이프는 몇 m인지 분수로 나타내어 보세요.

식 $17 \div 4 = 4\dfrac{1}{4}$ 답 $4\dfrac{1}{4}$ m
↑ 전체 색 테이프의 길이   ↑ 나누어 가진 사람 수

풀이 (한 사람이 가진 색 테이프의 길이)
= (전체 색 테이프의 길이) ÷ (나누어 가진 사람 수)
= $17 \div 4 = \dfrac{17}{4} = 4\dfrac{1}{4}$(m)

② 수프 $\dfrac{12}{17}$ L를 접시 5개에 똑같이 나누어 담았습니다. 접시 한 개에 담은 수프는 몇 L일까요?

식 $\dfrac{12}{17} \div 5 = \dfrac{12}{85}$ 답 $\dfrac{12}{85}$ L

풀이 (접시 한 개에 담은 수프의 양)
= (전체 수프의 양) ÷ (나누어 담은 접시의 수)
= $\dfrac{12}{17} \div 5 = \dfrac{12}{17} \times \dfrac{1}{5} = \dfrac{12}{85}$(L)

③ 밀가루 $\dfrac{21}{5}$ kg을 6봉지에 똑같이 나누어 담았습니다. 한 봉지에 담은 밀가루는 몇 kg일까요?

식 $\dfrac{21}{5} \div 6 = \dfrac{7}{10}$ 답 $\dfrac{7}{10}$ kg

풀이 (한 봉지에 담은 밀가루의 무게)
= (전체 밀가루의 무게) ÷ (나누어 담은 봉지의 수)
= $\dfrac{21}{5} \div 6 = \dfrac{\overset{7}{\cancel{21}}}{5} \times \dfrac{1}{\underset{2}{\cancel{6}}} = \dfrac{7}{10}$(kg)

④ 보리차 $2\dfrac{1}{7}$ L를 유리병 9개에 똑같이 나누어 담았습니다. 유리병 한 개에 담은 보리차는 몇 L일까요?

식 $2\dfrac{1}{7} \div 9 = \dfrac{5}{21}$

답 $\dfrac{5}{21}$ L

풀이 (유리병 한 개에 담은 보리차의 양)
= (전체 보리차의 양) ÷ (나누어 담은 유리병의 수)
= $2\dfrac{1}{7} \div 9 = \dfrac{\overset{5}{\cancel{15}}}{7} \times \dfrac{1}{\underset{3}{\cancel{9}}} = \dfrac{5}{21}$(L)

⑤ 식용유 $1\dfrac{5}{9}$ L를 7일 동안 똑같이 나누어 사용했습니다. 하루에 사용한 식용유는 몇 L일까요?

식 $1\dfrac{5}{9} \div 7 = \dfrac{2}{9}$ 답 $\dfrac{2}{9}$ L

풀이 (하루에 사용한 식용유의 양)
= (전체 식용유의 양) ÷ (나누어 사용한 날수)
= $1\dfrac{5}{9} \div 7 = \dfrac{\overset{2}{\cancel{14}}}{9} \times \dfrac{1}{\underset{1}{\cancel{7}}} = \dfrac{2}{9}$(L)

12

13

14-15쪽
❗계산 결과를 기약분수나 대분수로 나타내지 않아도 정답으로 인정합니다.

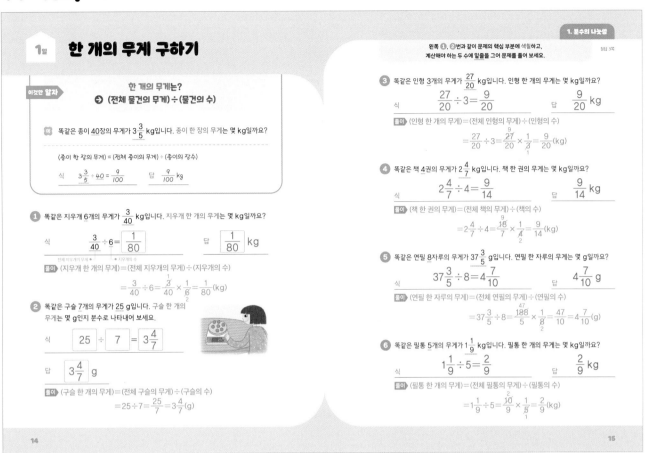

1일 한 개의 무게 구하기

이것만 알자

한 개의 무게는?
→ (전체 물건의 무게)÷(물건의 수)

예 똑같은 종이 40장의 무게가 $3\frac{3}{5}$ kg입니다. 종이 한 장의 무게는 몇 kg일까요?

(종이 한 장의 무게) = (전체 종이의 무게) ÷ (종이의 장수)

식 $3\frac{3}{5} \div 40 = \frac{9}{100}$ 답 $\frac{9}{100}$ kg

1 똑같은 지우개 6개의 무게가 $\frac{3}{40}$ kg입니다. 지우개 한 개의 무게는 몇 kg일까요?

식 $\frac{3}{40} \div 6 = \frac{1}{80}$ 답 $\frac{1}{80}$ kg

풀이 (지우개 한 개의 무게)=(전체 지우개의 무게)÷(지우개의 수)
$= \frac{3}{40} \div 6 = \frac{3}{40} \times \frac{1}{6} = \frac{1}{80}$(kg)

2 똑같은 구슬 7개의 무게가 25 g입니다. 구슬 한 개의 무게는 몇 g인지 분수로 나타내어 보세요.

식 $25 \div 7 = 3\frac{4}{7}$

답 $3\frac{4}{7}$ g

풀이 (구슬 한 개의 무게)=(전체 구슬의 무게)÷(구슬의 수)
$= 25 \div 7 = \frac{25}{7} = 3\frac{4}{7}$(g)

3 똑같은 인형 3개의 무게가 $\frac{27}{20}$ kg입니다. 인형 한 개의 무게는 몇 kg일까요?

식 $\frac{27}{20} \div 3 = \frac{9}{20}$ 답 $\frac{9}{20}$ kg

풀이 (인형 한 개의 무게)=(전체 인형의 무게)÷(인형의 수)
$= \frac{27}{20} \div 3 = \frac{27}{20} \times \frac{1}{3} = \frac{9}{20}$(kg)

4 똑같은 책 4권의 무게가 $2\frac{4}{7}$ kg입니다. 책 한 권의 무게는 몇 kg일까요?

식 $2\frac{4}{7} \div 4 = \frac{9}{14}$ 답 $\frac{9}{14}$ kg

풀이 (책 한 권의 무게)=(전체 책의 무게)÷(책의 수)
$= 2\frac{4}{7} \div 4 = \frac{18}{7} \times \frac{1}{4} = \frac{9}{14}$(kg)

5 똑같은 연필 8자루의 무게가 $37\frac{3}{5}$ g입니다. 연필 한 자루의 무게는 몇 g일까요?

식 $37\frac{3}{5} \div 8 = 4\frac{7}{10}$ 답 $4\frac{7}{10}$ g

풀이 (연필 한 자루의 무게)=(전체 연필의 무게)÷(연필의 수)
$= 37\frac{3}{5} \div 8 = \frac{188}{5} \times \frac{1}{8} = \frac{47}{10} = 4\frac{7}{10}$(g)

6 똑같은 필통 5개의 무게가 $1\frac{1}{9}$ kg입니다. 필통 한 개의 무게는 몇 kg일까요?

식 $1\frac{1}{9} \div 5 = \frac{2}{9}$ 답 $\frac{2}{9}$ kg

풀이 (필통 한 개의 무게)=(전체 필통의 무게)÷(필통의 수)
$= 1\frac{1}{9} \div 5 = \frac{10}{9} \times \frac{1}{5} = \frac{2}{9}$(kg)

왼쪽 ❶, ❷번과 같이 문제의 핵심 부분에 색칠하고, 계산해야 하는 두 수에 밑줄을 그어 문제를 풀어 보세요. 정답 3쪽

16-17쪽
❗계산 결과를 기약분수나 대분수로 나타내지 않아도 정답으로 인정합니다.

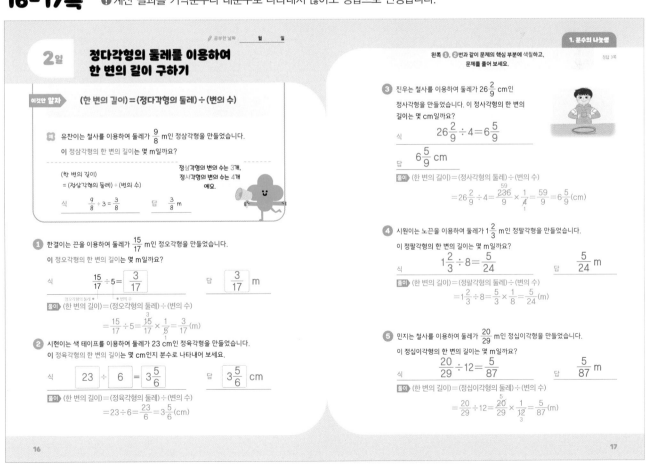

📝 공부한 날짜   월   일

2일 정다각형의 둘레를 이용하여 한 변의 길이 구하기

이것만 알자 (한 변의 길이) = (정다각형의 둘레)÷(변의 수)

예 유찬이는 철사를 이용하여 둘레가 $\frac{9}{8}$ m인 정삼각형을 만들었습니다. 이 정삼각형의 한 변의 길이는 몇 m일까요?

(한 변의 길이)
= (정삼각형의 둘레) ÷ (변의 수)

정삼각형의 변의 수는 3개, 정사각형의 변의 수는 4개예요.

식 $\frac{9}{8} \div 3 = \frac{3}{8}$ 답 $\frac{3}{8}$ m

1 한결이는 끈을 이용하여 둘레가 $\frac{15}{17}$ m인 정오각형을 만들었습니다. 이 정오각형의 한 변의 길이는 몇 m일까요?

식 $\frac{15}{17} \div 5 = \frac{3}{17}$ 답 $\frac{3}{17}$ m

풀이 (한 변의 길이)=(정오각형의 둘레)÷(변의 수)
$= \frac{15}{17} \div 5 = \frac{15}{17} \times \frac{1}{5} = \frac{3}{17}$(m)

2 시현이는 색 테이프를 이용하여 둘레가 23 cm인 정육각형을 만들었습니다. 이 정육각형의 한 변의 길이는 몇 cm인지 분수로 나타내어 보세요.

식 $23 \div 6 = 3\frac{5}{6}$ 답 $3\frac{5}{6}$ cm

풀이 (한 변의 길이)=(정육각형의 둘레)÷(변의 수)
$= 23 \div 6 = \frac{23}{6} = 3\frac{5}{6}$(cm)

왼쪽 ❶, ❷번과 같이 문제의 핵심 부분에 색칠하고, 문제를 풀어 보세요. 정답 3쪽

3 진우는 철사를 이용하여 둘레가 $26\frac{2}{9}$ cm인 정사각형을 만들었습니다. 이 정사각형의 한 변의 길이는 몇 cm일까요?

식 $26\frac{2}{9} \div 4 = 6\frac{5}{9}$ 답 $6\frac{5}{9}$ cm

풀이 (한 변의 길이)=(정사각형의 둘레)÷(변의 수)
$= 26\frac{2}{9} \div 4 = \frac{236}{9} \times \frac{1}{4} = \frac{59}{9} = 6\frac{5}{9}$(cm)

4 시원이는 노끈을 이용하여 둘레가 $1\frac{2}{3}$ m인 정팔각형을 만들었습니다. 이 정팔각형의 한 변의 길이는 몇 m일까요?

식 $1\frac{2}{3} \div 8 = \frac{5}{24}$ 답 $\frac{5}{24}$ m

풀이 (한 변의 길이)=(정팔각형의 둘레)÷(변의 수)
$= 1\frac{2}{3} \div 8 = \frac{5}{3} \times \frac{1}{8} = \frac{5}{24}$(m)

5 민지는 철사를 이용하여 둘레가 $\frac{20}{29}$ m인 정십이각형을 만들었습니다. 이 정십이각형의 한 변의 길이는 몇 m일까요?

식 $\frac{20}{29} \div 12 = \frac{5}{87}$ 답 $\frac{5}{87}$ m

풀이 (한 변의 길이)=(정십이각형의 둘레)÷(변의 수)
$= \frac{20}{29} \div 12 = \frac{20}{29} \times \frac{1}{12} = \frac{5}{87}$(m)

1 분수의 나눗셈

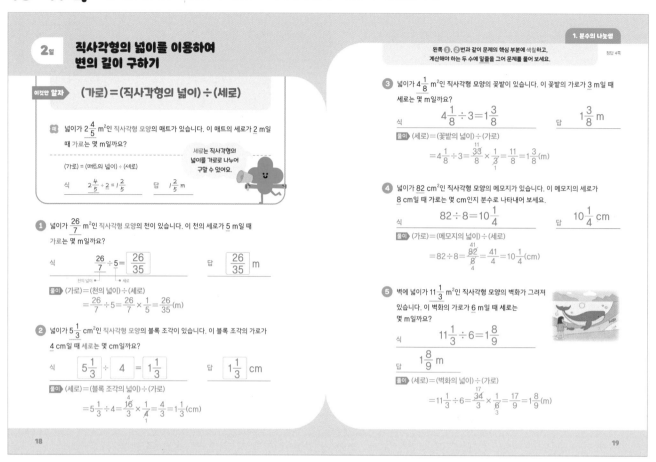

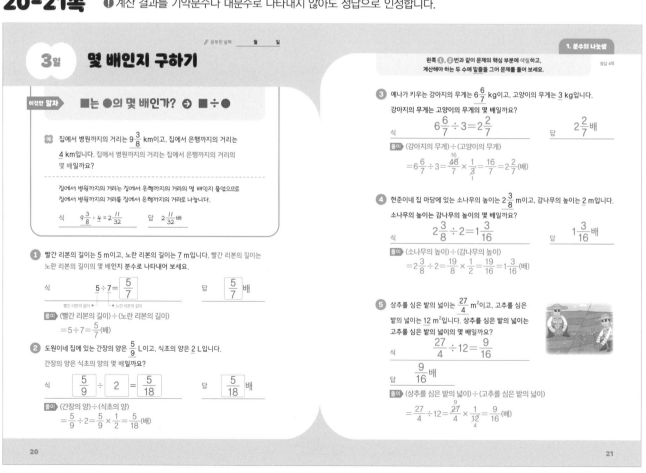

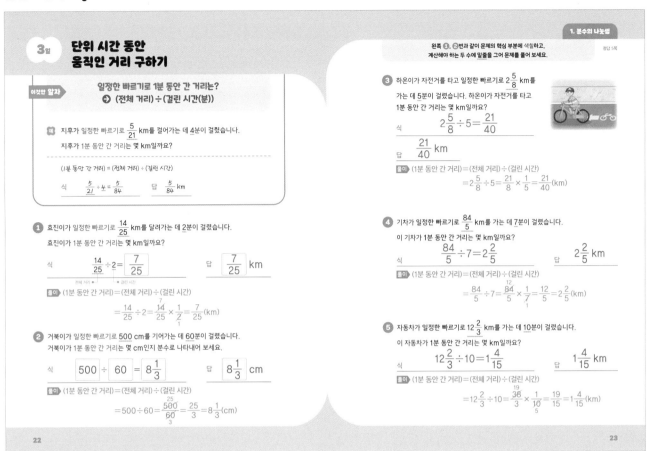

3일 단위 시간 동안 움직인 거리 구하기

이것만 알자

일정한 빠르기로 1분 동안 간 거리는?
➡ (전체 거리)÷(걸린 시간(분))

예 지후가 일정한 빠르기로 $\frac{5}{21}$ km를 걸어가는 데 4분이 걸렸습니다.
지후가 1분 동안 간 거리는 몇 km일까요?

(1분 동안 간 거리) = (전체 거리) ÷ (걸린 시간)

식 $\frac{5}{21} \div 4 = \frac{5}{84}$ 답 $\frac{5}{84}$ km

1 효진이가 일정한 빠르기로 $\frac{14}{25}$ km를 달려가는 데 2분이 걸렸습니다.
효진이가 1분 동안 간 거리는 몇 km일까요?

식 $\frac{14}{25} \div 2 = \frac{7}{25}$ 답 $\frac{7}{25}$ km

풀이 (1분 동안 간 거리)=(전체 거리)÷(걸린 시간)
$$= \frac{14}{25} \div 2 = \frac{14}{25} \times \frac{1}{2} = \frac{7}{25} \text{(km)}$$

2 거북이가 일정한 빠르기로 500 cm를 기어가는 데 60분이 걸렸습니다.
거북이가 1분 동안 간 거리는 몇 cm인지 분수로 나타내어 보세요.

식 $500 \div 60 = 8\frac{1}{3}$ 답 $8\frac{1}{3}$ cm

풀이 (1분 동안 간 거리)=(전체 거리)÷(걸린 시간)
$$= 500 \div 60 = \frac{500}{60} = \frac{25}{3} = 8\frac{1}{3} \text{(cm)}$$

---

1. 분수의 나눗셈

왼쪽 ❶, ❷번과 같이 문제의 핵심 부분에 색칠하고,
계산해야 하는 두 수에 밑줄을 그어 문제를 풀어 보세요.   정답 5쪽

3 하온이가 자전거를 타고 일정한 빠르기로 $2\frac{5}{8}$ km를
가는 데 5분이 걸렸습니다. 하온이가 자전거를 타고
1분 동안 간 거리는 몇 km일까요?

식 $2\frac{5}{8} \div 5 = \frac{21}{40}$

답 $\frac{21}{40}$ km

풀이 (1분 동안 간 거리)=(전체 거리)÷(걸린 시간)
$$= 2\frac{5}{8} \div 5 = \frac{21}{8} \times \frac{1}{5} = \frac{21}{40} \text{(km)}$$

4 기차가 일정한 빠르기로 $\frac{84}{5}$ km를 가는 데 7분이 걸렸습니다.
이 기차가 1분 동안 간 거리는 몇 km일까요?

식 $\frac{84}{5} \div 7 = 2\frac{2}{5}$ 답 $2\frac{2}{5}$ km

풀이 (1분 동안 간 거리)=(전체 거리)÷(걸린 시간)
$$= \frac{84}{5} \div 7 = \frac{84}{5} \times \frac{1}{7} = \frac{12}{5} = 2\frac{2}{5} \text{(km)}$$

5 자동차가 일정한 빠르기로 $12\frac{2}{3}$ km를 가는 데 10분이 걸렸습니다.
이 자동차가 1분 동안 간 거리는 몇 km일까요?

식 $12\frac{2}{3} \div 10 = 1\frac{4}{15}$ 답 $1\frac{4}{15}$ km

풀이 (1분 동안 간 거리)=(전체 거리)÷(걸린 시간)
$$= 12\frac{2}{3} \div 10 = \frac{38}{3} \times \frac{1}{10} = \frac{19}{15} = 1\frac{4}{15} \text{(km)}$$

22   23

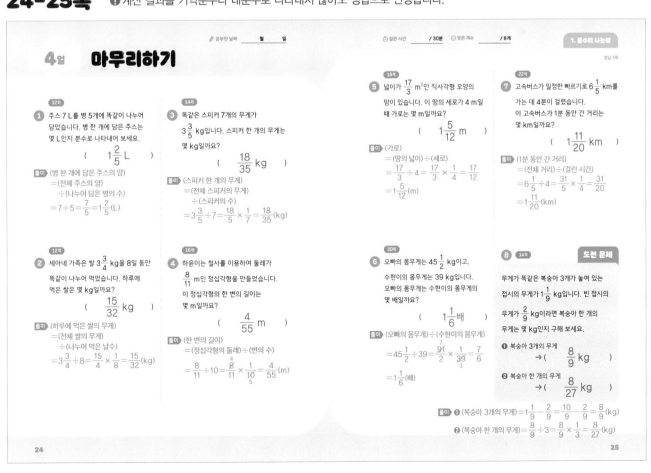

공부한 날짜   월   일   걸린 시간 / 30분   맞힌 개수 / 8개   **1. 분수의 나눗셈**   정답 5쪽

4일 마무리하기

12쪽
1 주스 7 L를 병 5개에 똑같이 나누어
담았습니다. 병 한 개에 담은 주스는
몇 L인지 분수로 나타내어 보세요.

($1\frac{2}{5}$ L)

풀이 (병 한 개에 담은 주스의 양)
= (전체 주스의 양)
÷ (나누어 담은 병의 수)
$= 7 \div 5 = \frac{7}{5} = 1\frac{2}{5}$(L)

14쪽
3 똑같은 스피커 7개의 무게가
$3\frac{3}{5}$ kg입니다. 스피커 한 개의 무게는
몇 kg일까요?

($\frac{18}{35}$ kg)

풀이 (스피커 한 개의 무게)
= (전체 스피커의 무게)
÷ (스피커의 수)
$= 3\frac{3}{5} \div 7 = \frac{18}{5} \times \frac{1}{7} = \frac{18}{35}$(kg)

12쪽
2 세아네 가족은 쌀 $3\frac{3}{4}$ kg을 8일 동안
똑같이 나누어 먹었습니다. 하루에
먹은 쌀은 몇 kg일까요?

($\frac{15}{32}$ kg)

풀이 (하루에 먹은 쌀의 무게)
= (전체 쌀의 무게)
÷ (나누어 먹은 날수)
$= 3\frac{3}{4} \div 8 = \frac{15}{4} \times \frac{1}{8} = \frac{15}{32}$(kg)

16쪽
4 하윤이는 철사를 이용하여 둘레가
$\frac{8}{11}$ m인 정십각형을 만들었습니다.
이 정십각형의 한 변의 길이는
몇 m일까요?

($\frac{4}{55}$ m)

풀이 (한 변의 길이)
= (정십각형의 둘레)÷(변의 수)
$= \frac{8}{11} \div 10 = \frac{8}{11} \times \frac{1}{10} = \frac{4}{55}$(m)

18쪽
5 넓이가 $\frac{17}{3}$ m²인 직사각형 모양의
땅이 있습니다. 이 땅의 세로가 4 m일
때 가로는 몇 m일까요?

($1\frac{5}{12}$ m)

풀이 (가로)
= (땅의 넓이)÷(세로)
$= \frac{17}{3} \div 4 = \frac{17}{3} \times \frac{1}{4} = \frac{17}{12}$
$= 1\frac{5}{12}$(m)

20쪽
6 오빠의 몸무게는 $45\frac{1}{2}$ kg이고,
수현이의 몸무게는 39 kg입니다.
오빠의 몸무게는 수현이의 몸무게의
몇 배일까요?

($1\frac{1}{6}$ 배)

풀이 (오빠의 몸무게)÷(수현이의 몸무게)
$= 45\frac{1}{2} \div 39 = \frac{91}{2} \times \frac{1}{39} = \frac{7}{6}$
$= 1\frac{1}{6}$(배)

22쪽
7 고속버스가 일정한 빠르기로 $6\frac{1}{5}$ km를
가는 데 4분이 걸렸습니다.
이 고속버스가 1분 동안 간 거리는
몇 km일까요?

($1\frac{11}{20}$ km)

풀이 (1분 동안 간 거리)
= (전체 거리)÷(걸린 시간)
$= 6\frac{1}{5} \div 4 = \frac{31}{5} \times \frac{1}{4} = \frac{31}{20}$
$= 1\frac{11}{20}$(km)

14쪽   **도전 문제**
8

무게가 똑같은 복숭아 3개가 놓여 있는
접시의 무게가 $1\frac{1}{9}$ kg입니다. 빈 접시의
무게가 $\frac{2}{9}$ kg이라면 복숭아 한 개의
무게는 몇 kg인지 구해 보세요.

❶ 복숭아 3개의 무게
→ ($\frac{8}{9}$ kg)

❷ 복숭아 한 개의 무게
→ ($\frac{8}{27}$ kg)

풀이 ❶ (복숭아 3개의 무게)=$1\frac{1}{9} - \frac{2}{9} = \frac{10}{9} - \frac{2}{9} = \frac{8}{9}$(kg)
❷ (복숭아 한 개의 무게)=$\frac{8}{9} \div 3 = \frac{8}{9} \times \frac{1}{3} = \frac{8}{27}$(kg)

24   25

5

2 각기둥과 각뿔

28-29쪽

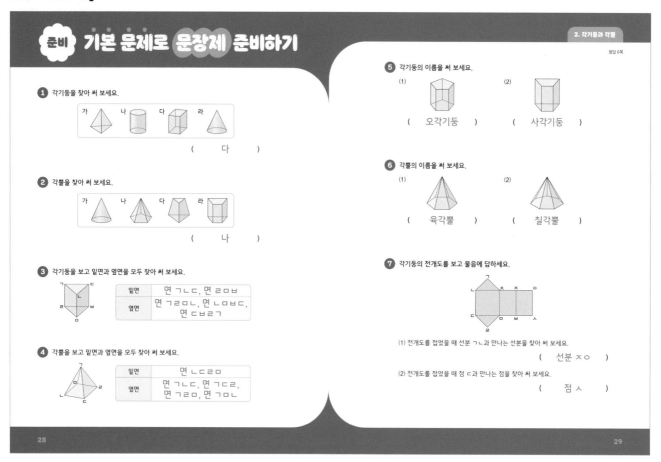

준비 기본 문제로 문장제 준비하기

정답 6쪽

❶ 각기둥을 찾아 써 보세요.

가 나 다 라

(다)

❷ 각뿔을 찾아 써 보세요.

가 나 다 라

(나)

❸ 각기둥을 보고 밑면과 옆면을 모두 찾아 써 보세요.

밑면	면 ㄱㄴㄷ, 면 ㄹㅁㅂ
옆면	면 ㄱㄹㅁㄴ, 면 ㄴㅁㅂㄷ, 면 ㄷㅂㄹㄱ

❹ 각뿔을 보고 밑면과 옆면을 모두 찾아 써 보세요.

밑면	면 ㄴㄷㄹㅁ
옆면	면 ㄱㄴㄷ, 면 ㄱㄷㄹ, 면 ㄱㄹㅁ, 면 ㄱㅁㄴ

❺ 각기둥의 이름을 써 보세요.

(1) (오각기둥) (2) (사각기둥)

❻ 각뿔의 이름을 써 보세요.

(1) (육각뿔) (2) (칠각뿔)

❼ 각기둥의 전개도를 보고 물음에 답하세요.

(1) 전개도를 접었을 때 선분 ㄱㄴ과 만나는 선분을 찾아 써 보세요.

(선분 ㅈㅇ)

(2) 전개도를 접었을 때 점 ㄷ과 만나는 점을 찾아 써 보세요.

(점 ㅅ)

30-31쪽

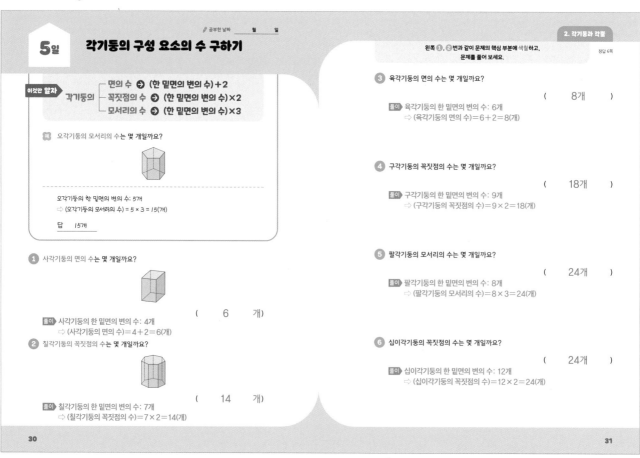

✎ 공부한 날짜 ___월 ___일

5일 각기둥의 구성 요소의 수 구하기

이것만 알자

각기둥의
- 면의 수 ➡ (한 밑면의 변의 수)+2
- 꼭짓점의 수 ➡ (한 밑면의 변의 수)×2
- 모서리의 수 ➡ (한 밑면의 변의 수)×3

예 오각기둥의 모서리의 수는 몇 개일까요?

오각기둥의 한 밑면의 변의 수: 5개
➡ (오각기둥의 모서리의 수)＝5×3=15(개)

답 15개

❶ 사각기둥의 면의 수는 몇 개일까요?

(6 개)

풀이 사각기둥의 한 밑면의 변의 수: 4개
➡ (사각기둥의 면의 수)＝4+2=6(개)

❷ 칠각기둥의 꼭짓점의 수는 몇 개일까요?

(14 개)

풀이 칠각기둥의 한 밑면의 변의 수: 7개
➡ (칠각기둥의 꼭짓점의 수)＝7×2=14(개)

왼쪽 ❶, ❷번과 같이 문제의 핵심 부분에 색칠하고, 문제를 풀어 보세요.

정답 6쪽

❸ 육각기둥의 면의 수는 몇 개일까요?

(8개)

풀이 육각기둥의 한 밑면의 변의 수: 6개
➡ (육각기둥의 면의 수)＝6+2=8(개)

❹ 구각기둥의 꼭짓점의 수는 몇 개일까요?

(18개)

풀이 구각기둥의 한 밑면의 변의 수: 9개
➡ (구각기둥의 꼭짓점의 수)＝9×2=18(개)

❺ 팔각기둥의 모서리의 수는 몇 개일까요?

(24개)

풀이 팔각기둥의 한 밑면의 변의 수: 8개
➡ (팔각기둥의 모서리의 수)＝8×3=24(개)

❻ 십이각기둥의 꼭짓점의 수는 몇 개일까요?

(24개)

풀이 십이각기둥의 한 밑면의 변의 수: 12개
➡ (십이각기둥의 꼭짓점의 수)＝12×2=24(개)

32-33쪽

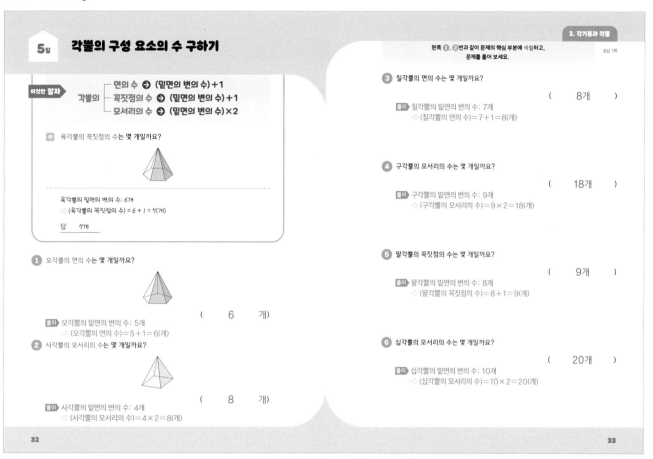

5일 각뿔의 구성 요소의 수 구하기

이것만 알자

각뿔의
- 면의 수 ➡ (밑면의 변의 수)+1
- 꼭짓점의 수 ➡ (밑면의 변의 수)+1
- 모서리의 수 ➡ (밑면의 변의 수)×2

예 육각뿔의 꼭짓점의 수는 몇 개일까요?

육각뿔의 밑면의 변의 수: 6개
➡ (육각뿔의 꼭짓점의 수)= 6 + 1 = 7(개)

답 7개

① 오각뿔의 면의 수는 몇 개일까요?

(6 개)

풀이 오각뿔의 밑면의 변의 수: 5개
➡ (오각뿔의 면의 수)=5+1=6(개)

② 사각뿔의 모서리의 수는 몇 개일까요?

(8 개)

풀이 사각뿔의 밑면의 변의 수: 4개
➡ (사각뿔의 모서리의 수)=4×2=8(개)

왼쪽 ①, ②번과 같이 문제의 핵심 부분에 색칠하고, 문제를 풀어 보세요. 정답 7쪽

③ 칠각뿔의 면의 수는 몇 개일까요?

(8개)

풀이 칠각뿔의 밑면의 변의 수: 7개
➡ (칠각뿔의 면의 수)=7+1=8(개)

④ 구각뿔의 모서리의 수는 몇 개일까요?

(18개)

풀이 구각뿔의 밑면의 변의 수: 9개
➡ (구각뿔의 모서리의 수)=9×2=18(개)

⑤ 팔각뿔의 꼭짓점의 수는 몇 개일까요?

(9개)

풀이 팔각뿔의 밑면의 변의 수: 8개
➡ (팔각뿔의 꼭짓점의 수)=8+1=9(개)

⑥ 십각뿔의 모서리의 수는 몇 개일까요?

(20개)

풀이 십각뿔의 밑면의 변의 수: 10개
➡ (십각뿔의 모서리의 수)=10×2=20(개)

32

33

34-35쪽

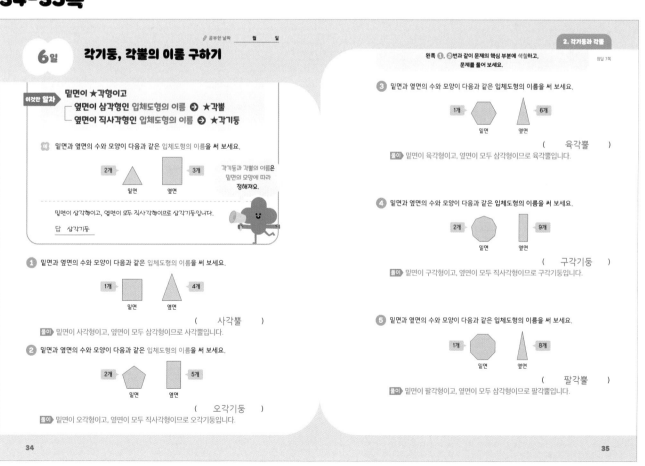

공부한 날짜　월　일

6일 각기둥, 각뿔의 이름 구하기

이것만 알자

밑면이 ★각형이고
- 옆면이 삼각형인 입체도형의 이름 ➡ ★각뿔
- 옆면이 직사각형인 입체도형의 이름 ➡ ★각기둥

예 밑면과 옆면의 수와 모양이 다음과 같은 입체도형의 이름을 써 보세요.

2개 밑면　옆면 3개

각기둥과 각뿔의 이름은 밑면의 모양에 따라 정해져요.

밑면이 삼각형이고, 옆면이 모두 직사각형이므로 삼각기둥입니다.

답 삼각기둥

① 밑면과 옆면의 수와 모양이 다음과 같은 입체도형의 이름을 써 보세요.

1개 밑면　옆면 4개

(사각뿔)

풀이 밑면이 사각형이고, 옆면이 모두 삼각형이므로 사각뿔입니다.

② 밑면과 옆면의 수와 모양이 다음과 같은 입체도형의 이름을 써 보세요.

2개 밑면　옆면 5개

(오각기둥)

풀이 밑면이 오각형이고, 옆면이 모두 직사각형이므로 오각기둥입니다.

왼쪽 ①, ②번과 같이 문제의 핵심 부분에 색칠하고, 문제를 풀어 보세요. 정답 7쪽

③ 밑면과 옆면의 수와 모양이 다음과 같은 입체도형의 이름을 써 보세요.

1개 밑면　옆면 6개

(육각뿔)

풀이 밑면이 육각형이고, 옆면이 모두 삼각형이므로 육각뿔입니다.

④ 밑면과 옆면의 수와 모양이 다음과 같은 입체도형의 이름을 써 보세요.

2개 밑면　옆면 9개

(구각기둥)

풀이 밑면이 구각형이고, 옆면이 모두 직사각형이므로 구각기둥입니다.

⑤ 밑면과 옆면의 수와 모양이 다음과 같은 입체도형의 이름을 써 보세요.

1개 밑면　옆면 8개

(팔각뿔)

풀이 밑면이 팔각형이고, 옆면이 모두 삼각형이므로 팔각뿔입니다.

34

35

2 각기둥과 각뿔

36-37쪽

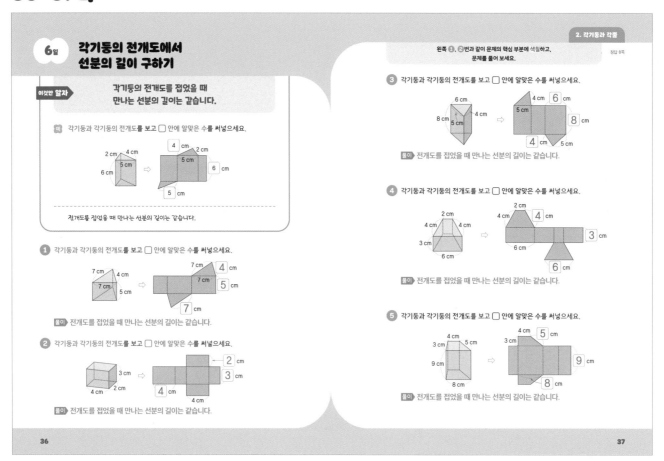

6일 각기둥의 전개도에서 선분의 길이 구하기

이것만 알자 각기둥의 전개도를 접었을 때 만나는 선분의 길이는 같습니다.

예 각기둥과 각기둥의 전개도를 보고 ☐ 안에 알맞은 수를 써넣으세요.

전개도를 접었을 때 만나는 선분의 길이는 같습니다.

1 각기둥과 각기둥의 전개도를 보고 ☐ 안에 알맞은 수를 써넣으세요.

풀이 전개도를 접었을 때 만나는 선분의 길이는 같습니다.

2 각기둥과 각기둥의 전개도를 보고 ☐ 안에 알맞은 수를 써넣으세요.

풀이 전개도를 접었을 때 만나는 선분의 길이는 같습니다.

왼쪽 ①, ②번과 같이 문제의 핵심 부분에 색칠하고, 문제를 풀어 보세요.

정답 8쪽

3 각기둥과 각기둥의 전개도를 보고 ☐ 안에 알맞은 수를 써넣으세요.

풀이 전개도를 접었을 때 만나는 선분의 길이는 같습니다.

4 각기둥과 각기둥의 전개도를 보고 ☐ 안에 알맞은 수를 써넣으세요.

풀이 전개도를 접었을 때 만나는 선분의 길이는 같습니다.

5 각기둥과 각기둥의 전개도를 보고 ☐ 안에 알맞은 수를 써넣으세요.

풀이 전개도를 접었을 때 만나는 선분의 길이는 같습니다.

38-39쪽

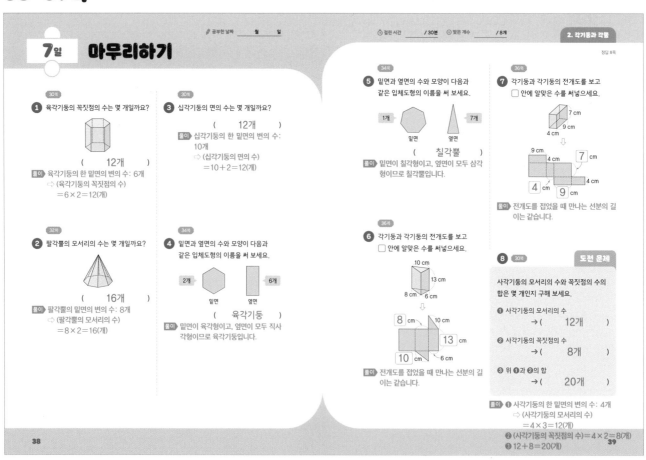

7일 마무리하기

공부한 날짜 월 일 걸린 시간 /30분 맞은 개수 /8개

정답 8쪽

[30쪽] 1 육각기둥의 꼭짓점의 수는 몇 개일까요?

(12개)

풀이 육각기둥의 한 밑면의 변의 수: 6개
⇨ (육각기둥의 꼭짓점의 수)
= 6 × 2 = 12(개)

[30쪽] 3 십각기둥의 면의 수는 몇 개일까요?

(12개)

풀이 십각기둥의 한 밑면의 변의 수: 10개
⇨ (십각기둥의 면의 수)
= 10 + 2 = 12(개)

[32쪽] 2 팔각뿔의 모서리의 수는 몇 개일까요?

(16개)

풀이 팔각뿔의 밑면의 변의 수: 8개
⇨ (팔각뿔의 모서리의 수)
= 8 × 2 = 16(개)

[34쪽] 4 밑면과 옆면의 수와 모양이 다음과 같은 입체도형의 이름을 써 보세요.

2개 밑면 6개 옆면

(육각기둥)

풀이 밑면이 육각형이고, 옆면이 모두 직사각형이므로 육각기둥입니다.

[34쪽] 5 밑면과 옆면의 수와 모양이 다음과 같은 입체도형의 이름을 써 보세요.

1개 밑면 7개 옆면

(칠각뿔)

풀이 밑면이 칠각형이고, 옆면이 모두 삼각형이므로 칠각뿔입니다.

[36쪽] 6 각기둥과 각기둥의 전개도를 보고 ☐ 안에 알맞은 수를 써넣으세요.

풀이 전개도를 접었을 때 만나는 선분의 길이는 같습니다.

[36쪽] 7 각기둥과 각기둥의 전개도를 보고 ☐ 안에 알맞은 수를 써넣으세요.

풀이 전개도를 접었을 때 만나는 선분의 길이는 같습니다.

도전 문제

[30쪽] 8 사각기둥의 모서리의 수와 꼭짓점의 수의 합은 몇 개인지 구해 보세요.

❶ 사각기둥의 모서리의 수
→ (12개)

❷ 사각기둥의 꼭짓점의 수
→ (8개)

❸ 위 ❶과 ❷의 합
→ (20개)

풀이 ❶ 사각기둥의 한 밑면의 변의 수: 4개
⇨ (사각기둥의 모서리의 수)
= 4 × 3 = 12(개)
❷ (사각기둥의 꼭짓점의 수) = 4 × 2 = 8(개)
❸ 12 + 8 = 20(개)

3 소수의 나눗셈

42-43쪽

준비 계산으로 문장제 준비하기

정답 9쪽

◆ 계산해 보세요.

① $3)\overline{9.3}$

② $4)\overline{4.48}$

③ $3)\overline{8.52}$

④ $5)\overline{3.5}$

⑤ $8)\overline{3.28}$

⑥ $4)\overline{5.80}$

⑦ $6)\overline{2.1}$

⑧ $7)\overline{7.56}$

⑨ $5)\overline{6}$

⑩ $8)\overline{30}$

⑪ $6.8 \div 2 = 3.4$

⑫ $8.44 \div 4 = 2.11$

⑬ $9.36 \div 3 = 3.12$

⑭ $8.1 \div 3 = 2.7$

⑮ $11.2 \div 8 = 1.4$

⑯ $6.3 \div 7 = 0.9$

⑰ $1.44 \div 6 = 0.24$

⑱ $7.6 \div 8 = 0.95$

⑲ $8.7 \div 6 = 1.45$

⑳ $9.54 \div 9 = 1.06$

㉑ $17 \div 5 = 3.4$

㉒ $25 \div 4 = 6.25$

44-45쪽

8일 똑같이 나누기

공부한 날짜   월   일

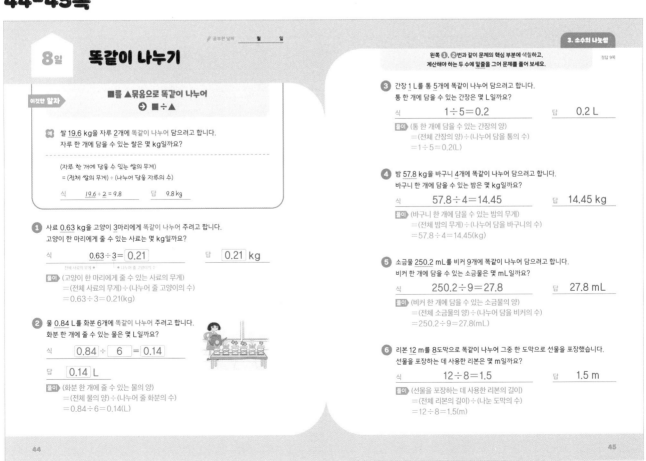

어떻게 알지?

■를 ▲묶음으로 똑같이 나누어
➡ ■÷▲

예 쌀 19.6 kg을 자루 2개에 똑같이 나누어 담으려고 합니다.
자루 한 개에 담을 수 있는 쌀은 몇 kg일까요?

(자루 한 개에 담을 수 있는 쌀의 무게)
= (전체 쌀의 무게) ÷ (나누어 담을 자루의 수)

식 $19.6 \div 2 = 9.8$ 답 9.8 kg

① 사료 0.63 kg을 고양이 3마리에게 똑같이 나누어 주려고 합니다.
고양이 한 마리에게 줄 수 있는 사료는 몇 kg일까요?

식 $0.63 \div 3 = \boxed{0.21}$ 답 0.21 kg

풀이 (고양이 한 마리에게 줄 수 있는 사료의 무게)
= (전체 사료의 무게) ÷ (나누어 줄 고양이의 수)
= 0.63 ÷ 3 = 0.21(kg)

② 물 0.84 L를 화분 6개에 똑같이 나누어 주려고 합니다.
화분 한 개에 줄 수 있는 물은 몇 L일까요?

식 $0.84 \div \boxed{6} = \boxed{0.14}$

답 $\boxed{0.14}$ L

풀이 (화분 한 개에 줄 수 있는 물의 양)
= (전체 물의 양) ÷ (나누어 줄 화분의 수)
= 0.84 ÷ 6 = 0.14(L)

왼쪽 ①, ②번과 같이 문제의 핵심 부분에 색칠하고,
계산해야 하는 두 수에 밑줄을 그어 문제를 풀어 보세요.

정답 9쪽

③ 간장 1 L를 통 5개에 똑같이 나누어 담으려고 합니다.
통 한 개에 담을 수 있는 간장은 몇 L일까요?

식 $1 \div 5 = 0.2$ 답 0.2 L

풀이 (통 한 개에 담을 수 있는 간장의 양)
= (전체 간장의 양) ÷ (나누어 담을 통의 수)
= 1 ÷ 5 = 0.2(L)

④ 밤 57.8 kg을 바구니 4개에 똑같이 나누어 담으려고 합니다.
바구니 한 개에 담을 수 있는 밤은 몇 kg일까요?

식 $57.8 \div 4 = 14.45$ 답 14.45 kg

풀이 (바구니 한 개에 담을 수 있는 밤의 무게)
= (전체 밤의 무게) ÷ (나누어 담을 바구니의 수)
= 57.8 ÷ 4 = 14.45(kg)

⑤ 소금물 250.2 mL를 비커 9개에 똑같이 나누어 담으려고 합니다.
비커 한 개에 담을 수 있는 소금물은 몇 mL일까요?

식 $250.2 \div 9 = 27.8$ 답 27.8 mL

풀이 (비커 한 개에 담을 수 있는 소금물의 양)
= (전체 소금물의 양) ÷ (나누어 담을 비커의 수)
= 250.2 ÷ 9 = 27.8(mL)

⑥ 리본 12 m를 8도막으로 똑같이 나누어 그중 한 도막으로 선물을 포장했습니다.
선물을 포장하는 데 사용한 리본은 몇 m일까요?

식 $12 \div 8 = 1.5$ 답 1.5 m

풀이 (선물을 포장하는 데 사용한 리본의 길이)
= (전체 리본의 길이) ÷ (나눈 도막의 수)
= 12 ÷ 8 = 1.5(m)

3 소수의 나눗셈

46-47쪽

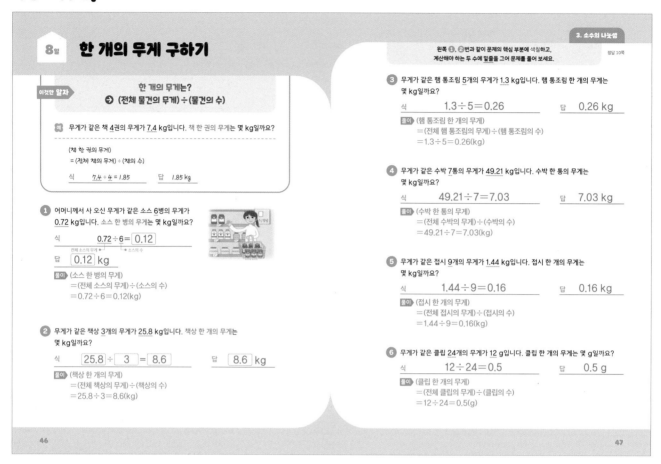

8일 한 개의 무게 구하기

이것만 알자
한 개의 무게는?
➡ (전체 물건의 무게)÷(물건의 수)

예 무게가 같은 책 4권의 무게가 7.4 kg입니다. 책 한 권의 무게는 몇 kg일까요?

(책 한 권의 무게)
= (전체 책의 무게)÷(책의 수)

식 7.4÷4=1.85   답 1.85 kg

1 어머니께서 사 오신 무게가 같은 소스 6병의 무게가 0.72 kg입니다. 소스 한 병의 무게는 몇 kg일까요?

식 0.72÷6= 0.12
전체 소스의 무게 ↑   ↑ 소스의 수

답 0.12 kg

풀이 (소스 한 병의 무게)
= (전체 소스의 무게)÷(소스의 수)
=0.72÷6=0.12(kg)

2 무게가 같은 책상 3개의 무게가 25.8 kg입니다. 책상 한 개의 무게는 몇 kg일까요?

식 25.8 ÷ 3 = 8.6   답 8.6 kg

풀이 (책상 한 개의 무게)
= (전체 책상의 무게)÷(책상의 수)
=25.8÷3=8.6(kg)

왼쪽 ❶, ❷번과 같이 문제의 핵심 부분에 색칠하고, 계산해야 하는 두 수에 밑줄을 그어 문제를 풀어 보세요.   정답 10쪽

3 무게가 같은 햄 통조림 5개의 무게가 1.3 kg입니다. 햄 통조림 한 개의 무게는 몇 kg일까요?

식 1.3÷5=0.26   답 0.26 kg

풀이 (햄 통조림 한 개의 무게)
= (전체 햄 통조림의 무게)÷(햄 통조림의 수)
=1.3÷5=0.26(kg)

4 무게가 같은 수박 7통의 무게가 49.21 kg입니다. 수박 한 통의 무게는 몇 kg일까요?

식 49.21÷7=7.03   답 7.03 kg

풀이 (수박 한 통의 무게)
= (전체 수박의 무게)÷(수박의 수)
=49.21÷7=7.03(kg)

5 무게가 같은 접시 9개의 무게가 1.44 kg입니다. 접시 한 개의 무게는 몇 kg일까요?

식 1.44÷9=0.16   답 0.16 kg

풀이 (접시 한 개의 무게)
= (전체 접시의 무게)÷(접시의 수)
=1.44÷9=0.16(kg)

6 무게가 같은 클립 24개의 무게가 12 g입니다. 클립 한 개의 무게는 몇 g일까요?

식 12÷24=0.5   답 0.5 g

풀이 (클립 한 개의 무게)
= (전체 클립의 무게)÷(클립의 수)
=12÷24=0.5(g)

48-49쪽

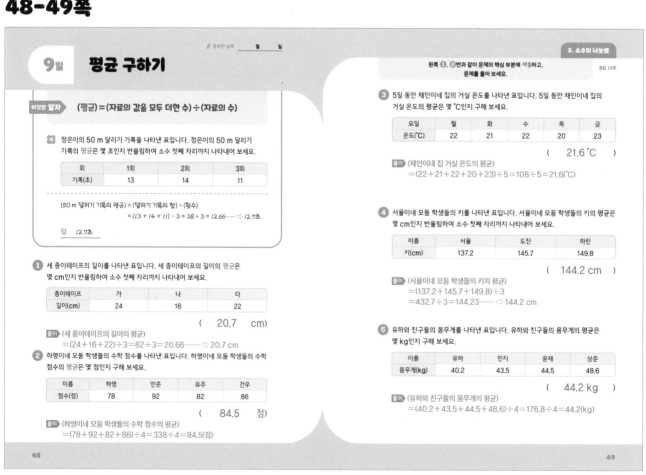

🖉 공부한 날짜   월   일

9일 평균 구하기

이것만 알자
(평균)=(자료의 값을 모두 더한 수)÷(자료의 수)

예 정은이의 50 m 달리기 기록을 나타낸 표입니다. 정은이의 50 m 달리기 기록의 평균은 몇 초인지 반올림하여 소수 첫째 자리까지 나타내어 보세요.

회	1회	2회	3회
기록(초)	13	14	11

(50 m 달리기 기록의 평균) = (달리기 기록의 합) ÷ (횟수)
= (13 + 14 + 11) ÷ 3 = 38 ÷ 3 = 12.66…… ➡ 12.7초

답 12.7초

1 세 종이테이프의 길이를 나타낸 표입니다. 세 종이테이프의 길이의 평균은 몇 cm인지 반올림하여 소수 첫째 자리까지 나타내어 보세요.

종이테이프	가	나	다
길이(cm)	24	16	22

(20.7 cm)

풀이 (세 종이테이프의 길이의 평균)
= (24+16+22)÷3=62÷3=20.66……⇒ 20.7 cm

2 하영이네 모둠 학생들의 수학 점수를 나타낸 표입니다. 하영이네 모둠 학생들의 수학 점수의 평균은 몇 점인지 구해 보세요.

이름	하영	민준	유주	건우
점수(점)	78	92	82	86

(84.5 점)

풀이 (하영이네 모둠 학생들의 수학 점수의 평균)
= (78+92+82+86)÷4=338÷4=84.5(점)

왼쪽 ❶, ❷번과 같이 문제의 핵심 부분에 색칠하고, 문제를 풀어 보세요.   정답 10쪽

3 5일 동안 채인이네 집의 거실 온도를 나타낸 표입니다. 5일 동안 채인이네 집의 거실 온도의 평균은 몇 °C인지 구해 보세요.

요일	월	화	수	목	금
온도(°C)	22	21	22	20	23

(21.6 °C)

풀이 (채인이네 집 거실 온도의 평균)
= (22+21+22+20+23)÷5=108÷5=21.6(°C)

4 서울이네 모둠 학생들의 키를 나타낸 표입니다. 서울이네 모둠 학생들의 키의 평균은 몇 cm인지 반올림하여 소수 첫째 자리까지 나타내어 보세요.

이름	서울	도진	하린
키(cm)	137.2	145.7	149.8

(144.2 cm)

풀이 (서울이네 모둠 학생들의 키의 평균)
= (137.2+145.7+149.8)÷3
=432.7÷3=144.23……⇒ 144.2 cm

5 유하와 친구들의 몸무게를 나타낸 표입니다. 유하와 친구들의 몸무게의 평균은 몇 kg인지 구해 보세요.

이름	유하	민지	윤재	상준
몸무게(kg)	40.2	43.5	44.5	48.6

(44.2 kg)

풀이 (유하와 친구들의 몸무게의 평균)
= (40.2+43.5+44.5+48.6)÷4=176.8÷4=44.2(kg)

50-51쪽

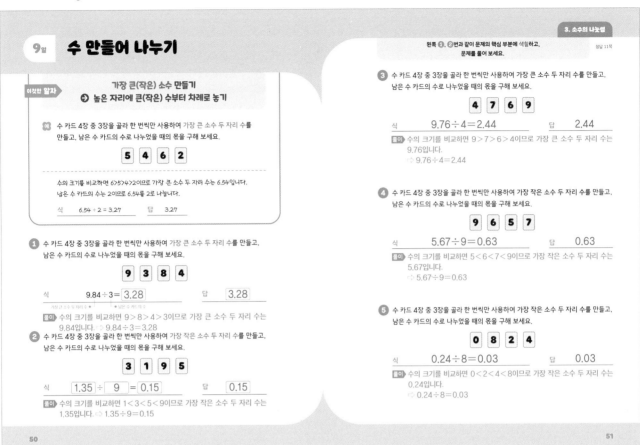

9일 수 만들어 나누기

이것만 알자
가장 큰(작은) 소수 만들기
➡ 높은 자리에 큰(작은) 수부터 차례로 놓기

예 수 카드 4장 중 3장을 골라 한 번씩만 사용하여 가장 큰 소수 두 자리 수를 만들고, 남은 수 카드의 수로 나누었을 때의 몫을 구해 보세요.

5 4 6 2

수의 크기를 비교하면 6>5>4>2이므로 가장 큰 소수 두 자리 수는 6.54입니다.
남은 수 카드의 수는 2이므로 6.54를 2로 나눕니다.

식 6.54 ÷ 2 = 3.27   답 3.27

1 수 카드 4장 중 3장을 골라 한 번씩만 사용하여 가장 큰 소수 두 자리 수를 만들고, 남은 수 카드의 수로 나누었을 때의 몫을 구해 보세요.

9 3 8 4

식 9.84 ÷ 3 = 3.28   답 3.28

풀이 수의 크기를 비교하면 9>8>4>3이므로 가장 큰 소수 두 자리 수는 9.84입니다. ➡ 9.84÷3=3.28

2 수 카드 4장 중 3장을 골라 한 번씩만 사용하여 가장 작은 소수 두 자리 수를 만들고, 남은 수 카드의 수로 나누었을 때의 몫을 구해 보세요.

3 1 9 5

식 1.35 ÷ 9 = 0.15   답 0.15

풀이 수의 크기를 비교하면 1<3<5<9이므로 가장 작은 소수 두 자리 수는 1.35입니다. ➡ 1.35÷9=0.15

왼쪽 ❶, ❷번과 같이 문제의 핵심 부분에 색칠하고, 문제를 풀어 보세요.   정답 11쪽

3 수 카드 4장 중 3장을 골라 한 번씩만 사용하여 가장 큰 소수 두 자리 수를 만들고, 남은 수 카드의 수로 나누었을 때의 몫을 구해 보세요.

4 7 6 9

식 9.76 ÷ 4 = 2.44   답 2.44

풀이 수의 크기를 비교하면 9>7>6>4이므로 가장 큰 소수 두 자리 수는 9.76입니다. ➡ 9.76÷4=2.44

4 수 카드 4장 중 3장을 골라 한 번씩만 사용하여 가장 작은 소수 두 자리 수를 만들고, 남은 수 카드의 수로 나누었을 때의 몫을 구해 보세요.

9 6 5 7

식 5.67 ÷ 9 = 0.63   답 0.63

풀이 수의 크기를 비교하면 5<6<7<9이므로 가장 작은 소수 두 자리 수는 5.67입니다. ➡ 5.67÷9=0.63

5 수 카드 4장 중 3장을 골라 한 번씩만 사용하여 가장 작은 소수 두 자리 수를 만들고, 남은 수 카드의 수로 나누었을 때의 몫을 구해 보세요.

0 8 2 4

식 0.24 ÷ 8 = 0.03   답 0.03

풀이 수의 크기를 비교하면 0<2<4<8이므로 가장 작은 소수 두 자리 수는 0.24입니다. ➡ 0.24÷8=0.03

52-53쪽

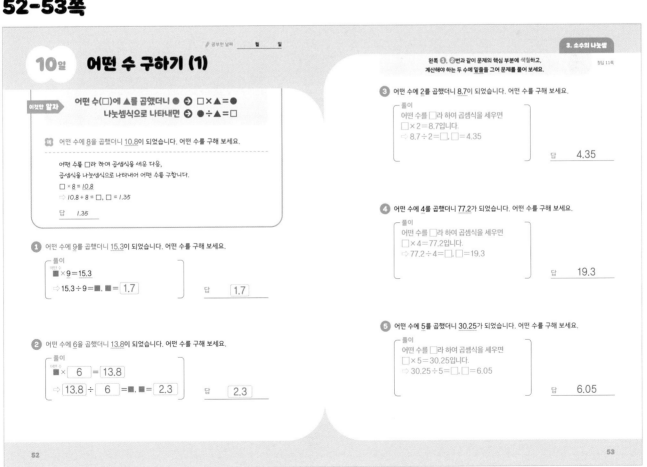

10일 어떤 수 구하기 (1)

공부한 날짜 월 일

이것만 알자
어떤 수(□)에 ▲를 곱했더니 ● ➡ □×▲=●
나눗셈식으로 나타내면 ➡ ●÷▲=□

예 어떤 수에 8을 곱했더니 10.8이 되었습니다. 어떤 수를 구해 보세요.

어떤 수를 □라 하여 곱셈식을 세운 다음,
곱셈식을 나눗셈식으로 나타내어 어떤 수를 구합니다.
□ × 8 = 10.8
➡ 10.8 ÷ 8 = □, □ = 1.35

답 1.35

1 어떤 수에 9를 곱했더니 15.3이 되었습니다. 어떤 수를 구해 보세요.

풀이
■ × 9 = 15.3
➡ 15.3 ÷ 9 = ■, ■ = 1.7

답 1.7

2 어떤 수에 6을 곱했더니 13.8이 되었습니다. 어떤 수를 구해 보세요.

풀이
■ × 6 = 13.8
➡ 13.8 ÷ 6 = ■, ■ = 2.3

답 2.3

왼쪽 ❶, ❷번과 같이 문제의 핵심 부분에 색칠하고, 계산해야 하는 두 수에 밑줄을 그어 문제를 풀어 보세요.   정답 11쪽

3 어떤 수에 2를 곱했더니 8.7이 되었습니다. 어떤 수를 구해 보세요.

풀이
어떤 수를 □라 하여 곱셈식을 세우면
□ × 2 = 8.7입니다.
➡ 8.7÷2=□, □=4.35

답 4.35

4 어떤 수에 4를 곱했더니 77.2가 되었습니다. 어떤 수를 구해 보세요.

풀이
어떤 수를 □라 하여 곱셈식을 세우면
□ × 4 = 77.2입니다.
➡ 77.2÷4=□, □=19.3

답 19.3

5 어떤 수에 5를 곱했더니 30.25가 되었습니다. 어떤 수를 구해 보세요.

풀이
어떤 수를 □라 하여 곱셈식을 세우면
□ × 5 = 30.25입니다.
➡ 30.25÷5=□, □=6.05

답 6.05

3 소수의 나눗셈

54-55쪽

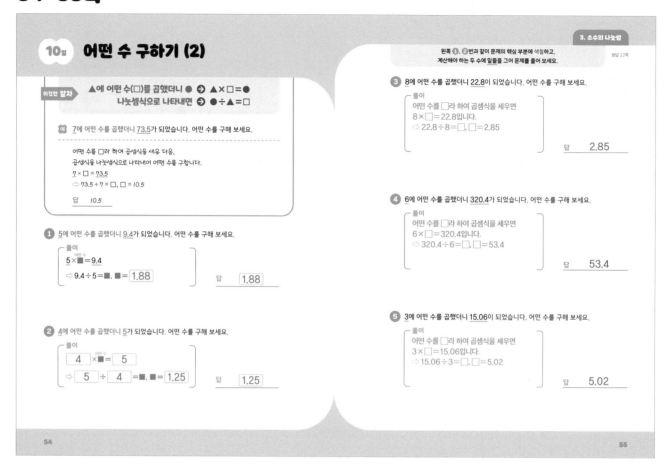

10일 어떤 수 구하기 (2)

이것만 알자 ▲에 어떤 수(□)를 곱했더니 ● ➡ ▲×□=●
나눗셈식으로 나타내면 ➡ ●÷▲=□

예 7에 어떤 수를 곱했더니 73.5가 되었습니다. 어떤 수를 구해 보세요.

어떤 수를 □라 하여 곱셈식을 세운 다음,
곱셈식을 나눗셈식으로 나타내어 어떤 수를 구합니다.
7 × □ = 73.5
➡ 73.5 ÷ 7 = □, □ = 10.5
답 10.5

1 5에 어떤 수를 곱했더니 9.4가 되었습니다. 어떤 수를 구해 보세요.
풀이
5 × ■ = 9.4
➡ 9.4 ÷ 5 = ■. ■ = 1.88
답 1.88

2 4에 어떤 수를 곱했더니 5가 되었습니다. 어떤 수를 구해 보세요.
풀이
4 × ■ = 5
➡ 5 ÷ 4 = ■. ■ = 1.25
답 1.25

왼쪽 **1**, **2**번과 같이 문제의 핵심 부분에 색칠하고,
계산해야 하는 두 수에 밑줄을 그어 문제를 풀어 보세요. 정답 12쪽

3 8에 어떤 수를 곱했더니 22.8이 되었습니다. 어떤 수를 구해 보세요.
풀이
어떤 수를 □라 하여 곱셈식을 세우면
8 × □ = 22.8입니다.
➡ 22.8 ÷ 8 = □, □ = 2.85
답 2.85

4 6에 어떤 수를 곱했더니 320.4가 되었습니다. 어떤 수를 구해 보세요.
풀이
어떤 수를 □라 하여 곱셈식을 세우면
6 × □ = 320.4입니다.
➡ 320.4 ÷ 6 = □, □ = 53.4
답 53.4

5 3에 어떤 수를 곱했더니 15.06이 되었습니다. 어떤 수를 구해 보세요.
풀이
어떤 수를 □라 하여 곱셈식을 세우면
3 × □ = 15.06입니다.
➡ 15.06 ÷ 3 = □, □ = 5.02
답 5.02

54
55

56-57쪽

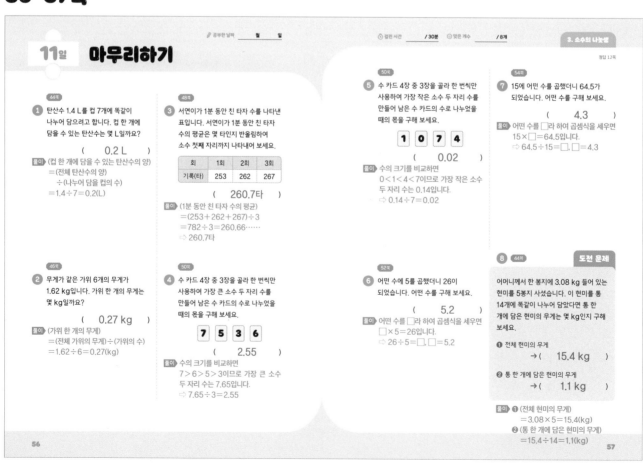

11일 마무리하기

🖊 공부한 날짜 월 일

⏱ 걸린 시간 / 30분 ✓ 맞은 개수 / 8개

정답 12쪽

44쪽
1 탄산수 1.4 L를 컵 7개에 똑같이 나누어 담으려고 합니다. 컵 한 개에 담을 수 있는 탄산수는 몇 L일까요?
(0.2 L)
풀이 (컵 한 개에 담을 수 있는 탄산수의 양)
＝(전체 탄산수의 양)
÷(나누어 담은 컵의 수)
＝1.4÷7=0.2(L)

46쪽
2 무게가 같은 6개의 가위의 무게가 1.62 kg입니다. 가위 한 개의 무게는 몇 kg일까요?
(0.27 kg)
풀이 (가위 한 개의 무게)
＝(전체 가위의 무게)÷(가위의 수)
＝1.62÷6=0.27(kg)

48쪽
3 서연이가 1분 동안 친 타자 수를 나타낸 표입니다. 서연이가 1분 동안 친 타자 수의 평균은 몇 타인지 반올림하여 소수 첫째 자리까지 나타내어 보세요.

회	1회	2회	3회
기록(타)	253	262	267

(260.7타)
풀이 (1분 동안 친 타자 수의 평균)
＝(253＋262＋267)÷3
＝782÷3=260.66……
➡ 260.7타

50쪽
4 수 카드 4장 중 3장을 골라 한 번씩만 사용하여 가장 큰 소수 두 자리 수를 만들어 남은 수 카드의 수로 나누었을 때의 몫을 구해 보세요.

7 5 3 6

(2.55)
풀이 수의 크기를 비교하면
7＞6＞5＞3이므로 가장 큰 소수 두 자리 수는 7.65입니다.
➡ 7.65÷3=2.55

50쪽
5 수 카드 4장 중 3장을 골라 한 번씩만 사용하여 가장 작은 소수 두 자리 수를 만들어 남은 수 카드의 수로 나누었을 때의 몫을 구해 보세요.

1 0 7 4

(0.02)
풀이 수의 크기를 비교하면
0＜1＜4＜7이므로 가장 작은 소수 두 자리 수는 0.14입니다.
➡ 0.14÷7=0.02

52쪽
6 어떤 수에 5를 곱했더니 26이 되었습니다. 어떤 수를 구해 보세요.
(5.2)
풀이 어떤 수를 □라 하여 곱셈식을 세우면
□×5=26입니다.
➡ 26÷5=□, □=5.2

54쪽
7 15에 어떤 수를 곱했더니 64.5가 되었습니다. 어떤 수를 구해 보세요.
(4.3)
풀이 어떤 수를 □라 하여 곱셈식을 세우면
15×□=64.5입니다.
➡ 64.5÷15=□, □=4.3

8 44쪽 **도전 문제**
어머니께서 한 봉지에 3.08 kg 들어 있는 현미를 5봉지 사셨습니다. 이 현미를 통 14개에 똑같이 나누어 담았다면 통 한 개에 담은 현미의 무게는 몇 kg인지 구해 보세요.

❶ 전체 현미의 무게
→ (15.4 kg)

❷ 통 한 개에 담은 현미의 무게
→ (1.1 kg)

풀이 ❶ (전체 현미의 무게)
＝3.08×5=15.4(kg)
❷ (통 한 개에 담은 현미의 무게)
＝15.4÷14=1.1(kg)

56
57

4 비와 비율

60-61쪽

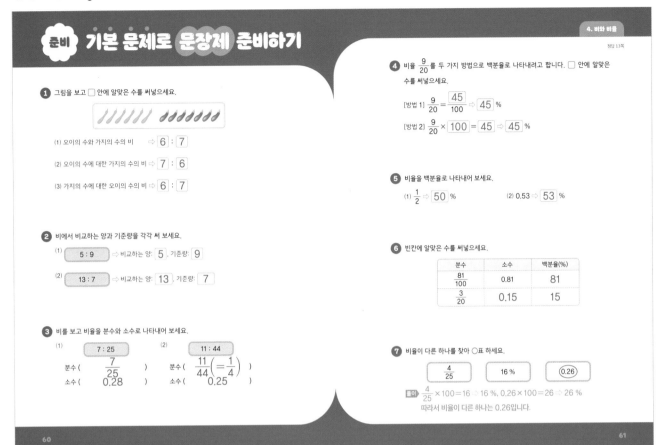

정답 13쪽

준비 기본 문제로 문장제 준비하기

1 그림을 보고 ☐ 안에 알맞은 수를 써넣으세요.

(1) 오이의 수와 가지의 수의 비 ⇨ 6 : 7

(2) 오이의 수에 대한 가지의 수의 비 ⇨ 7 : 6

(3) 가지의 수에 대한 오이의 수의 비 ⇨ 6 : 7

2 비에서 비교하는 양과 기준량을 각각 써 보세요.

(1) 5 : 9 ⇨ 비교하는 양: 5 , 기준량: 9

(2) 13 : 7 ⇨ 비교하는 양: 13 , 기준량: 7

3 비를 보고 비율을 분수와 소수로 나타내어 보세요.

(1) 7 : 25
분수 ($\frac{7}{25}$)
소수 (0.28)

(2) 11 : 44
분수 ($\frac{11}{44}\left(=\frac{1}{4}\right)$)
소수 (0.25)

4 비율 $\frac{9}{20}$ 를 두 가지 방법으로 백분율로 나타내려고 합니다. ☐ 안에 알맞은 수를 써넣으세요.

[방법 1] $\frac{9}{20} = \frac{45}{100}$ ⇨ 45 %

[방법 2] $\frac{9}{20} \times 100 = 45$ ⇨ 45 %

5 비율을 백분율로 나타내어 보세요.

(1) $\frac{1}{2}$ ⇨ 50 %

(2) 0.53 ⇨ 53 %

6 빈칸에 알맞은 수를 써넣으세요.

분수	소수	백분율(%)
$\frac{81}{100}$	0.81	81
$\frac{3}{20}$	0.15	15

7 비율이 다른 하나를 찾아 ○표 하세요.

$\frac{4}{25}$	16 %	(0.26)

풀이 $\frac{4}{25} \times 100 = 16$ ⇨ 16 %, 0.26 × 100 = 26 ⇨ 26 %
따라서 비율이 다른 하나는 0.26입니다.

62-63쪽

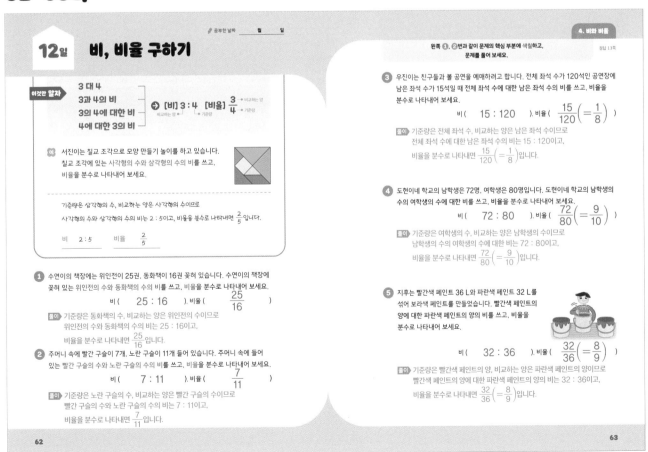

공부한 날짜 _____ 월 _____ 일

12일 비, 비율 구하기

정답 13쪽

왼쪽 ❶, ❷번과 같이 문제의 핵심 부분에 색칠하고, 문제를 풀어 보세요.

이것만 알자

3 대 4
3과 4의 비
3의 4에 대한 비
4에 대한 3의 비

⇨ [비] 3 : 4 [비율] $\frac{3}{4}$

서진이는 칠교 조각으로 모양 만들기 놀이를 하고 있습니다. 칠교 조각에 있는 사각형의 수와 삼각형의 수의 비를 쓰고, 비율을 분수로 나타내어 보세요.

기준량은 삼각형의 수, 비교하는 양은 사각형의 수이므로
사각형의 수와 삼각형의 수의 비는 2 : 5이고, 비율을 분수로 나타내면 $\frac{2}{5}$입니다.

비 2 : 5   비율 $\frac{2}{5}$

❶ 수연이의 책장에는 위인전이 25권, 동화책이 16권 꽂혀 있습니다. 수연이의 책장에 꽂혀 있는 위인전의 수와 동화책의 수의 비를 쓰고, 비율을 분수로 나타내어 보세요.

비 (25 : 16). 비율 ($\frac{25}{16}$)

풀이 기준량은 동화책의 수, 비교하는 양은 위인전의 수이므로
위인전의 수와 동화책의 수의 비는 25 : 16이고,
비율을 분수로 나타내면 $\frac{25}{16}$입니다.

❷ 주머니 속에 빨간 구슬이 7개, 노란 구슬이 11개 들어 있습니다. 주머니 속에 들어 있는 빨간 구슬의 수와 노란 구슬의 수의 비를 쓰고, 비율을 분수로 나타내어 보세요.

비 (7 : 11). 비율 ($\frac{7}{11}$)

풀이 기준량은 노란 구슬의 수, 비교하는 양은 빨간 구슬의 수이므로
빨간 구슬의 수와 노란 구슬의 수의 비는 7 : 11이고,
비율을 분수로 나타내면 $\frac{7}{11}$입니다.

❸ 우진이는 친구들과 볼 공연을 예매하려고 합니다. 전체 좌석 수가 120석인 공연장에 남은 좌석 수가 15석일 때 전체 좌석 수에 대한 남은 좌석 수의 비를 쓰고, 비율을 분수로 나타내어 보세요.

비 (15 : 120). 비율 ($\frac{15}{120}\left(=\frac{1}{8}\right)$)

풀이 기준량은 전체 좌석 수, 비교하는 양은 남은 좌석 수이므로
전체 좌석 수에 대한 남은 좌석 수의 비는 15 : 120이고,
비율을 분수로 나타내면 $\frac{15}{120}\left(=\frac{1}{8}\right)$입니다.

❹ 도현이네 학교의 남학생은 72명, 여학생은 80명입니다. 도현이네 학교의 남학생의 수의 여학생의 수에 대한 비를 쓰고, 비율을 분수로 나타내어 보세요.

비 (72 : 80). 비율 ($\frac{72}{80}\left(=\frac{9}{10}\right)$)

풀이 기준량은 여학생의 수, 비교하는 양은 남학생의 수이므로
남학생의 수의 여학생의 수에 대한 비는 72 : 80이고,
비율을 분수로 나타내면 $\frac{72}{80}\left(=\frac{9}{10}\right)$입니다.

❺ 지후는 빨간색 페인트 36 L와 파란색 페인트 32 L를 섞어 보라색 페인트를 만들었습니다. 빨간색 페인트의 양에 대한 파란색 페인트의 양의 비를 쓰고, 비율을 분수로 나타내어 보세요.

비 (32 : 36). 비율 ($\frac{32}{36}\left(=\frac{8}{9}\right)$)

풀이 기준량은 빨간색 페인트의 양, 비교하는 양은 파란색 페인트의 양이므로
빨간색 페인트의 양에 대한 파란색 페인트의 양의 비는 32 : 36이고,
비율을 분수로 나타내면 $\frac{32}{36}\left(=\frac{8}{9}\right)$입니다.

4 비와 비율

64-65쪽

12일 백분율로 나타내기

이것만 알자

몇 %인가?
➡ 비율에 100을 곱한 값에 %를 붙이기

예 수학 경시대회에 참가한 학생 240명 중에서 60명이 본선에 진출했습니다. 참가한 학생 수에 대한 본선에 진출한 학생 수의 비율은 몇 %일까요?

참가한 학생 수에 대한 본선에 진출한 학생 수의 비율: $\frac{60}{240}$

따라서 $\frac{60}{240} \times 100 = 25$이므로 25 %입니다.

답 __25 %__

① 우현이는 고리 던지기를 하였습니다. 고리를 15개 던져서 6개를 걸었다면 던진 고리 수에 대한 건 고리 수의 비율은 몇 %일까요?

(__40__ %)

풀이 던진 고리 수에 대한 건 고리 수의 비율: $\frac{6}{15}$

따라서 $\frac{6}{15} \times 100 = 40$이므로 40 %입니다.

② 다은이네 학교 학생 200명 중에서 26명이 안경을 썼습니다. 다은이네 학교 전체 학생 수에 대한 안경을 쓴 학생 수의 비율은 몇 %일까요?

(__13__ %)

풀이 전체 학생 수에 대한 안경을 쓴 학생 수의 비율: $\frac{26}{200}$

따라서 $\frac{26}{200} \times 100 = 13$이므로 13 %입니다.

왼쪽 ①, ②번과 같이 문제의 핵심 부분에 색칠하고, 문제를 풀어 보세요.

정답 14쪽

*제비뽑기를 하기 위해 미리 적어 놓은 종이나 물건

③ 상자 안에 제비가 30장 들어 있고, 그중 당첨 제비가 18장입니다. 전체 제비 수에 대한 당첨 제비 수의 비율은 몇 %일까요?

(__60 %__)

풀이 전체 제비 수에 대한 당첨 제비 수의 비율: $\frac{18}{30}$

따라서 $\frac{18}{30} \times 100 = 60$이므로 60 %입니다.

④ 전체 넓이가 28 m²인 꽃밭이 있습니다. 그중 21 m²에 튤립을 심었습니다. 전체 꽃밭의 넓이에 대한 튤립을 심은 꽃밭의 넓이의 비율은 몇 %일까요?

(__75 %__)

풀이 전체 꽃밭의 넓이에 대한 튤립을 심은 꽃밭의 넓이의 비율: $\frac{21}{28}$

따라서 $\frac{21}{28} \times 100 = 75$이므로 75 %입니다.

⑤ 어느 공장에서 장난감을 350개 만들 때마다 불량품이 14개 나온다고 합니다. 전체 장난감 수에 대한 불량품 수의 비율은 몇 %일까요?

(__4 %__)

풀이 전체 장난감 수에 대한 불량품 수의 비율: $\frac{14}{350}$

따라서 $\frac{14}{350} \times 100 = 4$이므로 4 %입니다.

66-67쪽

13일 비율이 더 높은(낮은) 것 찾기

✎ 공부한 날짜　월　일

이것만 알자

비율이 더 높은(낮은) 것은?
➡ 비율을 모두 같은 형태로 나타내어 크기 비교하기
└➡ 분수, 소수, 백분율

예 학교에서 마라톤 대회를 개최하여 5학년과 6학년 학생들이 참여했습니다. 전체 학생 수에 대한 참여한 학생 수의 비율이 더 높은 학년은 몇 학년인지 구해 보세요.

학년	전체 학생 수(명)	참여한 학생 수(명)
5학년	120	30
6학년	130	39

전체 학생 수에 대한 참여한 학생 수의 비율이

5학년은 $\frac{30}{120} = 0.25$이고,

6학년은 $\frac{39}{130} = 0.3$입니다.

따라서 전체 학생 수에 대한 참여한 학생 수의 비율이 더 높은 학년은 6학년입니다.

답 __6학년__

① 현장학습을 갈 때 버스를 타는 것에 찬성하는 학생 수를 조사했습니다. 전체 학생 수에 대한 찬성하는 학생 수의 비율이 더 낮은 반은 어느 반인지 구해 보세요.

반	전체 학생 수(명)	찬성하는 학생 수(명)
1반	25	16
2반	20	15

(__1반__)

풀이 전체 학생 수에 대한 찬성하는 학생 수의 비율이

1반은 $\frac{16}{25} = 0.64$이고, 2반은 $\frac{15}{20} = 0.75$입니다.

따라서 비율이 더 낮은 반은 1반입니다.

왼쪽 ①번과 같이 문제의 핵심 부분에 색칠하고, 문제를 풀어 보세요.

정답 14쪽

② 윤서와 민서가 농구대에 공을 던진 횟수와 그중 골을 성공한 횟수를 나타낸 표입니다. 공을 던진 횟수에 대한 골을 성공한 횟수의 비율이 더 높은 사람은 누구인지 구해 보세요.

이름	공을 던진 횟수(회)	골을 성공한 횟수(회)
윤서	15	9
민서	25	17

(__민서__)

풀이 공을 던진 횟수에 대한 골을 성공한 횟수의 비율이

윤서는 $\frac{9}{15} = 0.6$이고, 민서는 $\frac{17}{25} = 0.68$입니다.

따라서 비율이 더 높은 사람은 민서입니다.

③ 두 고궁의 전체 관람객 수와 어린이 관람객 수를 나타낸 표입니다. 전체 관람객 수에 대한 어린이 관람객 수의 비율이 더 높은 고궁은 어느 고궁인지 구해 보세요.

고궁	전체 관람객 수(명)	어린이 관람객 수(명)
가	180	144
나	150	108

(__가 고궁__)

풀이 전체 관람객 수에 대한 어린이 관람객 수의 비율이

가 고궁은 $\frac{144}{180} = 0.8$이고, 나 고궁은 $\frac{108}{150} = 0.72$입니다.

따라서 비율이 더 높은 고궁은 가 고궁입니다.

④ 도준이와 민호는 매실 주스를 만들었습니다. 매실 주스 양에 대한 매실 원액 양의 비율이 더 낮은 사람은 누구인지 구해 보세요.

이름	매실 주스 양(mL)	매실 원액 양(mL)
도준	243	9
민호	300	12

(__도준__)

풀이 매실 주스 양에 대한 매실 원액 양의 비율이

도준이는 $\frac{9}{243} = \frac{1}{27}$이고, 민호는 $\frac{12}{300} = \frac{1}{25}$입니다.

따라서 비율이 더 낮은 사람은 도준입니다.

13일 비교하는 양 구하기

이것만 알자

(비교하는 양) = (기준량) × (비율)

= (기준량) × $\frac{(백분율)}{100}$

예 전교 회장 선거에서 300명이 투표하여 55 %의 득표율로 우현이가 당선되었습니다. 우현이가 얻은 표는 몇 표일까요?

55 %를 분수로 나타내면 $\frac{55}{100}$입니다.

⇨ (우현이의 득표수) = $300 \times \frac{55}{100} = 165$(표)

답 165표

① 어느 농장에서 키우는 가축 250마리의 32 %가 양입니다. 이 농장에서 키우는 양은 몇 마리일까요?

(80 마리)

풀이 32 %를 분수로 나타내면 $\frac{32}{100}$입니다.

⇨ (농장에서 키우는 양의 수) = $250 \times \frac{32}{100} = 80$(마리)

② 어느 미술관의 주말 동안 전체 관람객 수는 340명입니다. 전체 관람객 수에 대한 여자 관람객 수의 비율이 0.55일 때 여자 관람객은 몇 명일까요?

(187 명)

풀이 (여자 관람객 수) = $340 \times 0.55 = 187$(명)

왼쪽 **①**, **②**번과 같이 문제의 핵심 부분에 색칠하고, 문제를 풀어 보세요.

정답 15쪽

③ 어느 학교의 축구팀이 32경기에 출전하여 25 %의 승률을 기록했습니다. 이 축구팀이 이긴 경기는 몇 경기일까요?

(8경기)

풀이 25 %를 분수로 나타내면 $\frac{25}{100}$입니다.

⇨ (축구팀이 이긴 경기 수) = $32 \times \frac{25}{100} = 8$(경기)

④ 어느 피자 가게에서 오늘 판매한 피자는 64판입니다. 판매한 전체 피자 수에 대한 불고기 피자 수의 비율이 $\frac{3}{8}$일 때 불고기 피자는 몇 판일까요?

(24판)

풀이 (불고기 피자의 수) = $64 \times \frac{3}{8} = 24$(판)

⑤ 어느 빵집에서 케이크를 17 % 할인하여 판매하고 있습니다. 수현이가 이 빵집에서 28000원짜리 케이크를 살 때 할인받는 금액은 얼마일까요?

(4760원)

풀이 17 %를 분수로 나타내면 $\frac{17}{100}$입니다.

⇨ (할인받는 금액) = $28000 \times \frac{17}{100} = 4760$(원)

14일 마무리하기

✎ 공부한 날짜 월 일

⏱ 걸린 시간 / 30분 ✅ 맞은 개수 / 8개

정답 15쪽

① 62쪽
연필이 16자루, 볼펜이 20자루 있습니다. 연필의 수와 볼펜의 수의 비를 쓰고, 비율을 분수로 나타내어 보세요.

비 (16 : 20)
비율 ($\frac{16}{20}\left(=\frac{4}{5}\right)$)

풀이 기준량은 볼펜의 수,
비교하는 양은 연필의 수이므로
연필의 수와 볼펜의 수의 비는
16 : 20이고, 비율을 분수로 나타내면
$\frac{16}{20}\left(=\frac{4}{5}\right)$입니다.

② 62쪽
메밀전을 만들기 위해 물 4컵과 메밀가루 10컵을 섞어 반죽을 만들었습니다. 물의 양의 메밀가루의 양에 대한 비를 쓰고, 비율을 분수로 나타내어 보세요.

비 (4 : 10)
비율 ($\frac{4}{10}\left(=\frac{2}{5}\right)$)

풀이 기준량은 메밀가루의 양,
비교하는 양은 물의 양이므로
물의 양의 메밀가루의 양에 대한 비는
4 : 10이고, 비율을 분수로 나타내면
$\frac{4}{10}\left(=\frac{2}{5}\right)$입니다.

③ 64쪽
직사각형의 가로가 21 cm, 세로가 42 cm입니다. 이 직사각형의 세로에 대한 가로의 비율은 몇 %일까요?

(50 %)

풀이 세로에 대한 가로의 비율: $\frac{21}{42}$

따라서 $\frac{21}{42} \times 100 = 50$이므로 50 %입니다.

④ 64쪽
어느 야구 선수가 35타수 중에서 안타를 7개 쳤습니다. 이 야구 선수의 전체 타수에 대한 안타 수의 비율은 몇 %일까요?

(20 %)

풀이 전체 타수에 대한 안타 수의 비율: $\frac{7}{35}$

따라서 $\frac{7}{35} \times 100 = 20$이므로 20 %입니다.

⑤ 66쪽
서린이와 지유는 투호를 했습니다. 던진 화살 수에 대한 병 속에 넣은 화살 수의 비율이 더 높은 사람은 누구인지 구해 보세요.

이름	던진 화살 수(개)	병 속에 넣은 화살 수(개)
서린	15	12
지유	10	7

(서린)

풀이 던진 화살 수에 대한 병 속에 넣은 화살 수의 비율이 서린이는 $\frac{12}{15} = 0.8$이고, 지유는 $\frac{7}{10} = 0.7$입니다.
따라서 비율이 더 높은 사람은 서린입니다.

⑥ 66쪽
두 자동차가 달린 거리와 걸린 시간을 나타낸 표입니다. 걸린 시간에 대한 달린 거리의 비율이 더 낮은 자동차는 어느 자동차인지 구해 보세요.

자동차	달린 거리(km)	걸린 시간(시간)
가	178	2
나	255	3

(나 자동차)

풀이 걸린 시간에 대한 달린 거리의 비율이 가 자동차는 $\frac{178}{2} = 89$이고, 나 자동차는 $\frac{255}{3} = 85$입니다.
따라서 비율이 더 낮은 자동차는 나 자동차입니다.

⑦ 68쪽
어느 가게에서는 우산을 살 때마다 적립금을 준다고 합니다. 우산 가격에 대한 적립 금액의 비율이 0.08이라면 12000원짜리 우산을 살 때 적립금은 얼마일까요?

(960원)

풀이 (적립금) = $12000 \times 0.08 = 960$(원)

⑧ 68쪽 **도전 문제**

영우는 놀이공원에서 학생 할인을 받아 입장료를 20 % 할인받을 수 있다고 합니다. 입장료가 15000원일 때 영우는 얼마를 내야 하는지 구해 보세요.

❶ 20 %를 분수로 나타내기
→ ($\frac{20}{100}\left(=\frac{1}{5}\right)$)

❷ 영우가 할인받는 금액
→ (3000원)

❸ 영우가 내야 하는 금액
→ (12000원)

풀이 ❷ (영우가 할인받는 금액)
= $15000 \times \frac{20}{100} = 3000$(원)
❸ (영우가 내야 하는 금액)
= $15000 - 3000 = 12000$(원)

5 여러 가지 그래프

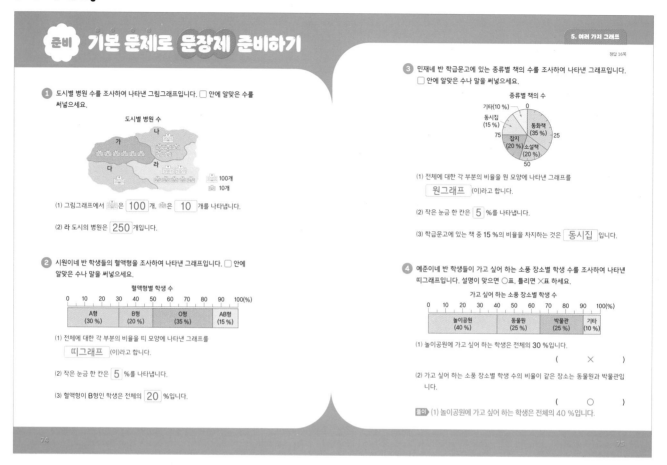

준비 기본 문제로 문장제 준비하기

5. 여러 가지 그래프

정답 16쪽

1 도시별 병원 수를 조사하여 나타낸 그림그래프입니다. ☐ 안에 알맞은 수를 써넣으세요.

도시별 병원 수

🏥 100개
🏥 10개

(1) 그림그래프에서 🏥은 **100** 개, 🏥은 **10** 개를 나타냅니다.

(2) 라 도시의 병원은 **250** 개입니다.

2 시원이네 반 학생들의 혈액형을 조사하여 나타낸 그래프입니다. ☐ 안에 알맞은 수나 말을 써넣으세요.

혈액형별 학생 수

0 10 20 30 40 50 60 70 80 90 100(%)
A형 (30 %) / B형 (20 %) / O형 (35 %) / AB형 (15 %)

(1) 전체에 대한 각 부분의 비율을 띠 모양에 나타낸 그래프를 **띠그래프** (이)라고 합니다.

(2) 작은 눈금 한 칸은 **5** %를 나타냅니다.

(3) 혈액형이 B형인 학생은 전체의 **20** %입니다.

3 민재네 반 학급문고에 있는 종류별 책의 수를 조사하여 나타낸 그래프입니다. ☐ 안에 알맞은 수나 말을 써넣으세요.

종류별 책의 수

기타(10 %)
동시집 (15 %)
동화책 (35 %)
잡지 (20 %)
소설책 (20 %)

(1) 전체에 대한 각 부분의 비율을 원 모양에 나타낸 그래프를 **원그래프** (이)라고 합니다.

(2) 작은 눈금 한 칸은 **5** %를 나타냅니다.

(3) 학급문고에 있는 책 중 15 %의 비율을 차지하는 것은 **동시집** 입니다.

4 예준이네 반 학생들이 가고 싶어 하는 소풍 장소별 학생 수를 조사하여 나타낸 띠그래프입니다. 설명이 맞으면 ○표, 틀리면 ✕표 하세요.

가고 싶어 하는 소풍 장소별 학생 수

0 10 20 30 40 50 60 70 80 90 100(%)
놀이공원 (40 %) / 동물원 (25 %) / 박물관 (25 %) / 기타 (10 %)

(1) 놀이공원에 가고 싶어 하는 학생은 전체의 30 %입니다.
(✕)

(2) 가고 싶어 하는 소풍 장소별 학생 수의 비율이 같은 장소는 동물원과 박물관입니다.
(○)

풀이 (1) 놀이공원에 가고 싶어 하는 학생은 전체의 40 %입니다.

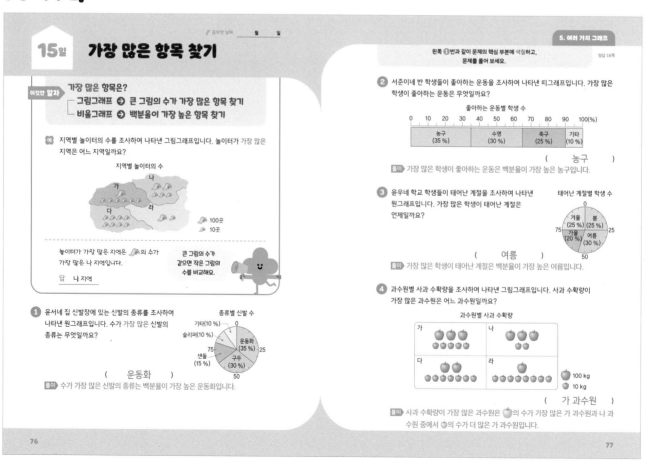

15일 가장 많은 항목 찾기

공부한 날짜   월   일

5. 여러 가지 그래프

정답 16쪽

이것만 알자 가장 많은 항목은?

그림그래프 ➡ 큰 그림의 수가 가장 많은 항목 찾기
비율그래프 ➡ 백분율이 가장 높은 항목 찾기

예 지역별 놀이터의 수를 조사하여 나타낸 그림그래프입니다. 놀이터가 가장 많은 지역은 어느 지역일까요?

지역별 놀이터의 수

🛝 100곳
🛝 10곳

놀이터가 가장 많은 지역은 🛝의 수가 가장 많은 나 지역입니다.

답 **나** 지역

큰 그림의 수가 같으면 작은 그림의 수를 비교해요.

1 윤서네 집 신발장에 있는 신발의 종류를 조사하여 나타낸 원그래프입니다. 수가 가장 많은 신발의 종류는 무엇일까요?

종류별 신발 수

기타(10 %)
슬리퍼(10 %)
운동화 (35 %)
샌들 (15 %)
구두 (30 %)

(**운동화**)

풀이 수가 가장 많은 신발의 종류는 백분율이 가장 높은 운동화입니다.

왼쪽 **1**번과 같이 문제의 핵심 부분에 색칠하고, 문제를 풀어 보세요.

2 서준이네 반 학생들이 좋아하는 운동을 조사하여 나타낸 띠그래프입니다. 가장 많은 학생이 좋아하는 운동은 무엇일까요?

좋아하는 운동별 학생 수

0 10 20 30 40 50 60 70 80 90 100(%)
농구 (35 %) / 수영 (30 %) / 축구 (25 %) / 기타 (10 %)

(**농구**)

풀이 가장 많은 학생이 좋아하는 운동은 백분율이 가장 높은 농구입니다.

3 윤우네 학교 학생들이 태어난 계절을 조사하여 나타낸 원그래프입니다. 가장 많은 학생이 태어난 계절은 언제일까요?

태어난 계절별 학생 수

겨울 (25 %)
봄 (25 %)
가을 (20 %)
여름 (30 %)

(**여름**)

풀이 가장 많은 학생이 태어난 계절은 백분율이 가장 높은 여름입니다.

4 과수원별 사과 수확량을 조사하여 나타낸 그림그래프입니다. 사과 수확량이 가장 많은 과수원은 어느 과수원일까요?

과수원별 사과 수확량

가 / 나 / 다 / 라

🍎 100 kg
🍎 10 kg

(**가** 과수원)

풀이 사과 수확량이 가장 많은 과수원은 🍎의 수가 가장 많은 가 과수원과 나 과수원 중에서 🍎의 수가 더 많은 가 과수원입니다.

78-79쪽

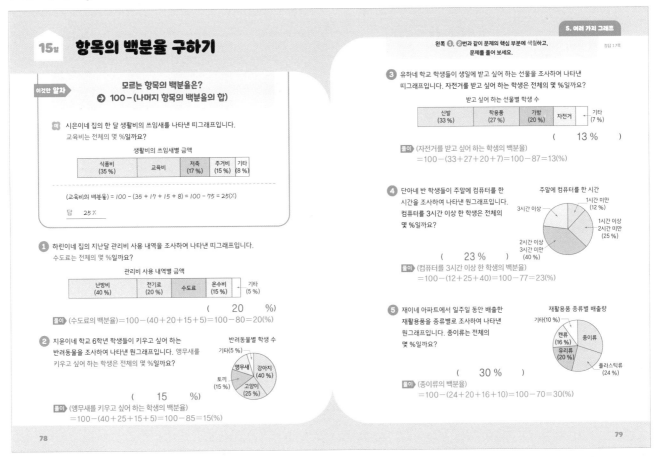

15일 항목의 백분율 구하기

이것만 알자

모르는 항목의 백분율은?
➡ 100 − (나머지 항목의 백분율의 합)

예 시은이네 집의 한 달 생활비의 쓰임새를 나타낸 띠그래프입니다. 교육비는 전체의 몇 %일까요?

생활비의 쓰임새별 금액

식품비 (35 %)	교육비	저축 (17 %)	주거비 (15 %)	기타 (8 %)

(교육비의 백분율) = 100 − (35 + 17 + 15 + 8) = 100 − 75 = 25(%)

답 25 %

왼쪽 ❶, ❷번과 같이 문제의 핵심 부분에 색칠하고, 문제를 풀어 보세요. 정답 17쪽

① 하린이네 집의 지난달 관리비 사용 내역을 조사하여 나타낸 띠그래프입니다. 수도료는 전체의 몇 %일까요?

관리비 사용 내역별 금액

난방비 (40 %)	전기료 (20 %)	수도료	온수비 (15 %)	기타 (5 %)

(20 %)

풀이 (수도료의 백분율)＝100−(40＋20＋15＋5)＝100−80＝20(%)

② 지윤이네 학교 6학년 학생들이 키우고 싶어 하는 반려동물을 조사하여 나타낸 원그래프입니다. 앵무새를 키우고 싶어 하는 학생은 전체의 몇 %일까요?

반려동물별 학생 수

(15 %)

풀이 (앵무새를 키우고 싶어 하는 학생의 백분율)
＝100−(40＋25＋15＋5)＝100−85＝15(%)

③ 유하네 학교 학생들이 생일에 받고 싶어 하는 선물을 조사하여 나타낸 띠그래프입니다. 자전거를 받고 싶어 하는 학생은 전체의 몇 %일까요?

받고 싶어 하는 선물별 학생 수

신발 (33 %)	학용품 (27 %)	가방 (20 %)	자전거	기타 (7 %)

(13 %)

풀이 (자전거를 받고 싶어 하는 학생의 백분율)
＝100−(33＋27＋20＋7)＝100−87＝13(%)

④ 단아네 반 학생들이 주말에 컴퓨터를 한 시간을 조사하여 나타낸 원그래프입니다. 컴퓨터를 3시간 이상 한 학생은 전체의 몇 %일까요?

주말에 컴퓨터를 한 시간

(23 %)

풀이 (컴퓨터를 3시간 이상 한 학생의 백분율)
＝100−(12＋25＋40)＝100−77＝23(%)

⑤ 재이네 아파트에서 일주일 동안 배출한 재활용품을 종류별로 조사하여 나타낸 원그래프입니다. 종이류는 전체의 몇 %일까요?

재활용품 종류별 배출량

(30 %)

풀이 (종이류의 백분율)
＝100−(24＋20＋16＋10)＝100−70＝30(%)

80-81쪽

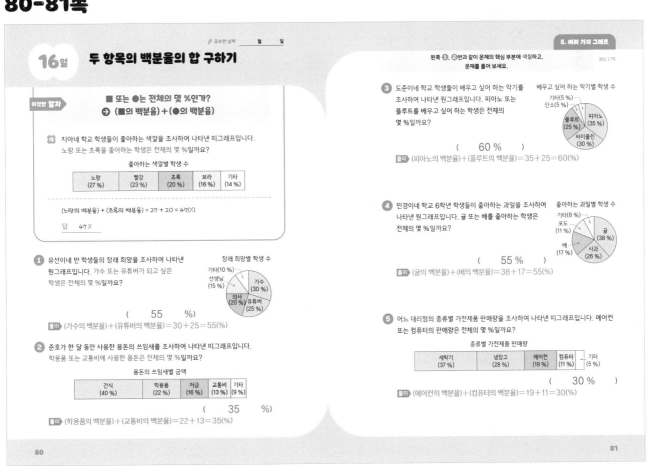

✎ 공부한 날짜 　월　　일

16일 두 항목의 백분율의 합 구하기

이것만 알자

■ 또는 ●는 전체의 몇 %인가?
➡ (■의 백분율) ＋ (●의 백분율)

예 지아네 학교 학생들이 좋아하는 색깔을 조사하여 나타낸 띠그래프입니다. 노랑 또는 초록을 좋아하는 학생은 전체의 몇 %일까요?

좋아하는 색깔별 학생 수

노랑 (27 %)	빨강 (23 %)	초록 (20 %)	보라 (16 %)	기타 (14 %)

(노랑의 백분율) ＋ (초록의 백분율) ＝ 27 ＋ 20 ＝ 47(%)

답 47%

① 유선이네 반 학생들의 장래 희망을 조사하여 나타낸 원그래프입니다. 가수 또는 유튜버가 되고 싶은 학생은 전체의 몇 %일까요?

장래 희망별 학생 수

(55 %)

풀이 (가수의 백분율)＋(유튜버의 백분율)＝30＋25＝55(%)

② 준호가 한 달 동안 사용한 용돈의 쓰임새를 조사하여 나타낸 띠그래프입니다. 학용품 또는 교통비에 사용한 용돈은 전체의 몇 %일까요?

용돈의 쓰임새별 금액

간식 (40 %)	학용품 (22 %)	저금 (16 %)	교통비 (13 %)	기타 (9 %)

(35 %)

풀이 (학용품의 백분율)＋(교통비의 백분율)＝22＋13＝35(%)

왼쪽 ❶, ❷번과 같이 문제의 핵심 부분에 색칠하고, 문제를 풀어 보세요. 정답 17쪽

③ 도준이네 학교 학생들이 배우고 싶어 하는 악기를 조사하여 나타낸 원그래프입니다. 피아노 또는 플루트를 배우고 싶어 하는 학생은 전체의 몇 %일까요?

배우고 싶어 하는 악기별 학생 수

(60 %)

풀이 (피아노의 백분율)＋(플루트의 백분율)＝35＋25＝60(%)

④ 민경이네 학교 6학년 학생들이 좋아하는 과일을 조사하여 나타낸 원그래프입니다. 귤 또는 배를 좋아하는 학생은 전체의 몇 %일까요?

좋아하는 과일별 학생 수

(55 %)

풀이 (귤의 백분율)＋(배의 백분율)＝38＋17＝55(%)

⑤ 어느 대리점의 종류별 가전제품 판매량을 조사하여 나타낸 띠그래프입니다. 에어컨 또는 컴퓨터의 판매량은 전체의 몇 %일까요?

종류별 가전제품 판매량

세탁기 (37 %)	냉장고 (28 %)	에어컨 (19 %)	컴퓨터 (11 %)	기타 (5 %)

(30 %)

풀이 (에어컨의 백분율)＋(컴퓨터의 백분율)＝19＋11＝30(%)

5 여러 가지 그래프

82-83쪽

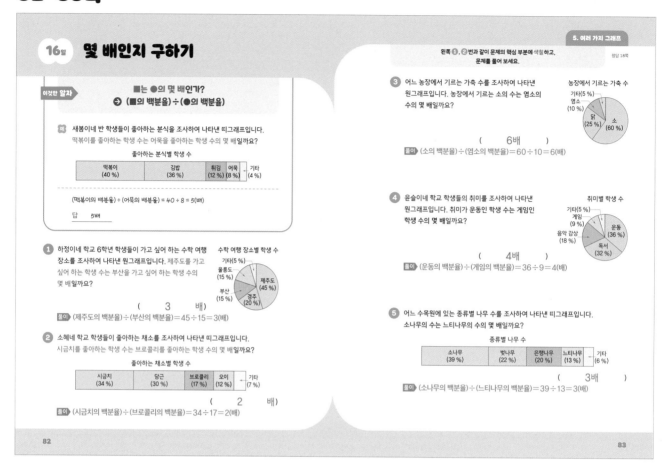

16일 몇 배인지 구하기

이것만 알자

■는 ●의 몇 배인가?
→ (■의 백분율)÷(●의 백분율)

예 새봄이네 반 학생들이 좋아하는 분식을 조사하여 나타낸 띠그래프입니다. 떡볶이를 좋아하는 학생 수는 어묵을 좋아하는 학생 수의 몇 배일까요?

좋아하는 분식별 학생 수

떡볶이 (40 %)	김밥 (36 %)	튀김 (12 %)	어묵 (8 %)	기타 (4 %)

(떡볶이의 백분율)÷(어묵의 백분율)=40÷8=5(배)

답 5배

① 하정이네 학교 6학년 학생들이 가고 싶어 하는 수학 여행 장소를 조사하여 나타낸 원그래프입니다. 제주도를 가고 싶어 하는 학생 수는 부산을 가고 싶어 하는 학생 수의 몇 배일까요?

수학 여행 장소별 학생 수

(3 배)
풀이 (제주도의 백분율)÷(부산의 백분율)=45÷15=3(배)

② 소혜네 학교 학생들이 좋아하는 채소를 조사하여 나타낸 띠그래프입니다. 시금치를 좋아하는 학생 수는 브로콜리를 좋아하는 학생 수의 몇 배일까요?

좋아하는 채소별 학생 수

시금치 (34 %)	당근 (30 %)	브로콜리 (17 %)	오이 (12 %)	기타 (7 %)

(2 배)
풀이 (시금치의 백분율)÷(브로콜리의 백분율)=34÷17=2(배)

왼쪽 ①, ②번과 같이 문제의 핵심 부분을 색칠하고, 문제를 풀어 보세요.

정답 18쪽

③ 어느 농장에서 기르는 가축 수를 조사하여 나타낸 원그래프입니다. 농장에서 기르는 소의 수는 염소의 수의 몇 배일까요?

농장에서 기르는 가축 수

(6배)
풀이 (소의 백분율)÷(염소의 백분율)=60÷10=6(배)

④ 윤슬이네 학교 학생들의 취미를 조사하여 나타낸 원그래프입니다. 취미가 운동인 학생 수는 게임인 학생 수의 몇 배일까요?

취미별 학생 수

(4배)
풀이 (운동의 백분율)÷(게임의 백분율)=36÷9=4(배)

⑤ 어느 수목원에 있는 종류별 나무 수를 조사하여 나타낸 띠그래프입니다. 소나무의 수는 느티나무의 수의 몇 배일까요?

종류별 나무 수

소나무 (39 %)	벚나무 (22 %)	은행나무 (20 %)	느티나무 (13 %)	기타 (6 %)

(3배)
풀이 (소나무의 백분율)÷(느티나무의 백분율)=39÷13=3(배)

82

83

84-85쪽

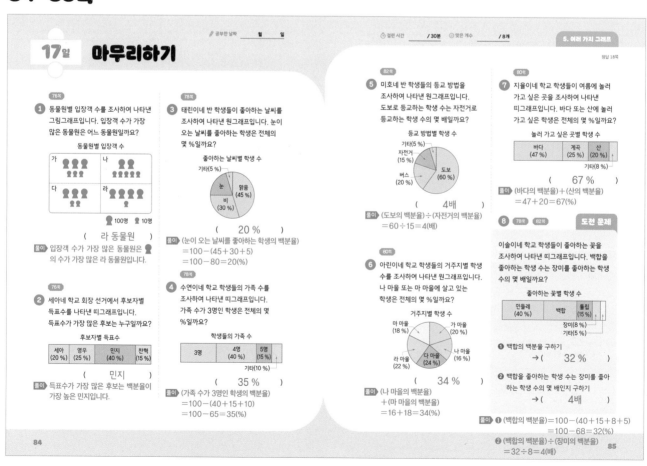

17일 마무리하기

✏ 공부한 날짜 월 일   ⏱ 걸린 시간 /30분 ✓ 맞은 개수 /8개

정답 18쪽

76쪽
① 동물원별 입장객 수를 조사하여 나타낸 그림그래프입니다. 입장객 수가 가장 많은 동물원은 어느 동물원일까요?

동물원별 입장객 수

100명 🧍 10명

(라 동물원)
풀이 입장객 수가 가장 많은 동물원은 🧍의 수가 가장 많은 라 동물원입니다.

76쪽
② 세아네 학교 회장 선거에서 후보자별 득표수를 나타낸 띠그래프입니다. 득표수가 가장 많은 후보는 누구일까요?

후보자별 득표수

세아 (20 %)	영우 (25 %)	민지 (40 %)	찬혁 (15 %)

(민지)
풀이 득표수가 가장 많은 후보는 백분율이 가장 높은 민지입니다.

78쪽
③ 태린이네 반 학생들이 좋아하는 날씨를 조사하여 나타낸 원그래프입니다. 눈이 오는 날씨를 좋아하는 학생은 전체의 몇 %일까요?

좋아하는 날씨별 학생 수

(20 %)
풀이 (눈이 오는 날씨를 좋아하는 학생의 백분율)
=100-(45+30+5)
=100-80=20(%)

78쪽
④ 수연이네 학교 학생들의 가족 수를 조사하여 나타낸 띠그래프입니다. 가족 수가 3명인 학생은 전체의 몇 %일까요?

학생들의 가족 수

3명	4명 (40 %)	5명 (15 %)	기타10%

(35 %)
풀이 (가족 수가 3명인 학생의 백분율)
=100-(40+15+10)
=100-65=35(%)

82쪽
⑤ 미호네 반 학생들의 등교 방법을 조사하여 나타낸 원그래프입니다. 도보로 등교하는 학생 수는 자전거로 등교하는 학생 수의 몇 배일까요?

등교 방법별 학생 수

(4배)
풀이 (도보의 백분율)÷(자전거의 백분율)
=60÷15=4(배)

80쪽
⑥ 아린이네 학교 학생들의 거주지별 학생 수를 조사하여 나타낸 원그래프입니다. 나 마을 또는 마 마을에 살고 있는 학생은 전체의 몇 %일까요?

거주지별 학생 수

(34 %)
풀이 (나 마을의 백분율)
+(마 마을의 백분율)
=16+18=34(%)

80쪽
⑦ 지율이네 학교 학생들이 여름에 놀러 가고 싶은 곳을 조사하여 나타낸 띠그래프입니다. 바다 또는 산에 놀러 가고 싶은 학생은 전체의 몇 %일까요?

놀러 가고 싶은 곳별 학생 수

바다 (47 %)	계곡 (25 %)	산 (20 %)	기타 (8 %)

(67 %)
풀이 (바다의 백분율)+(산의 백분율)
=47+20=67(%)

78쪽 82쪽 **도전 문제**

⑧ 이슬이네 학교 학생들이 좋아하는 꽃을 조사하여 나타낸 띠그래프입니다. 백합을 좋아하는 학생 수는 장미를 좋아하는 학생 수의 몇 배일까요?

좋아하는 꽃별 학생 수

민들레 (40 %)	백합	튤립 (15 %)	

장미(8 %)
기타(5 %)

❶ 백합의 백분율 구하기
→ (32 %)

❷ 백합을 좋아하는 학생 수는 장미를 좋아하는 학생 수의 몇 배인지 구하기
→ (4배)

풀이 ❶ (백합의 백분율)=100-(40+15+8+5)
=100-68=32(%)
❷ (백합의 백분율)÷(장미의 백분율)
=32÷8=4(배)

84

85

18

6 직육면체의 부피와 겉넓이

88-89쪽

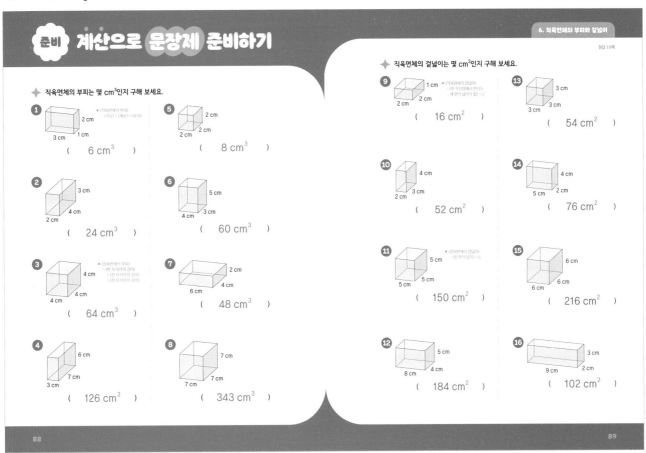

준비 계산으로 문장제 준비하기

◆ 직육면체의 부피는 몇 cm³인지 구해 보세요.

1. (6 cm³)
5. (8 cm³)
2. (24 cm³)
6. (60 cm³)
3. (64 cm³)
7. (48 cm³)
4. (126 cm³)
8. (343 cm³)

◆ 직육면체의 겉넓이는 몇 cm²인지 구해 보세요.

9. (16 cm²)
13. (54 cm²)
10. (52 cm²)
14. (76 cm²)
11. (150 cm²)
15. (216 cm²)
12. (184 cm²)
16. (102 cm²)

90-91쪽

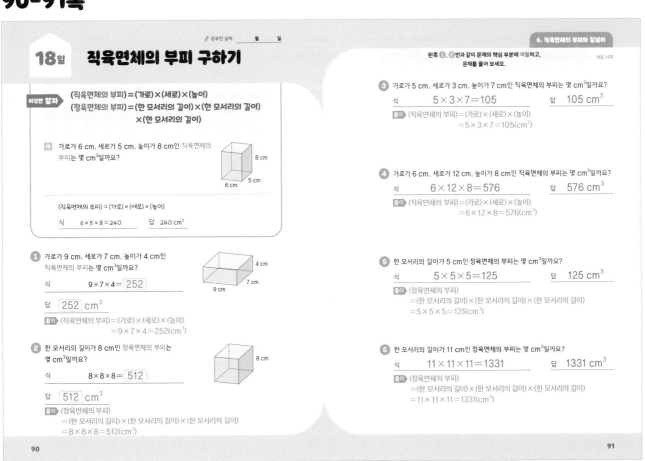

18일 직육면체의 부피 구하기

이것만 알자
(직육면체의 부피) = (가로) × (세로) × (높이)
(정육면체의 부피) = (한 모서리의 길이) × (한 모서리의 길이) × (한 모서리의 길이)

예 가로가 6 cm, 세로가 5 cm, 높이가 8 cm인 직육면체의 부피는 몇 cm³일까요?

(직육면체의 부피) = (가로) × (세로) × (높이)

식 6×5×8=240   답 240 cm³

1. 가로가 9 cm, 세로가 7 cm, 높이가 4 cm인 직육면체의 부피는 몇 cm³일까요?

식 9×7×4= 252

답 252 cm³

풀이 (직육면체의 부피)=(가로)×(세로)×(높이)
=9×7×4=252(cm³)

2. 한 모서리의 길이가 8 cm인 정육면체의 부피는 몇 cm³일까요?

식 8×8×8= 512

답 512 cm³

풀이 (정육면체의 부피)
=(한 모서리의 길이)×(한 모서리의 길이)×(한 모서리의 길이)
=8×8×8=512(cm³)

왼쪽 ①, ②번과 같이 문제의 핵심 부분에 색칠하고, 문제를 풀어 보세요.

3. 가로가 5 cm, 세로가 3 cm, 높이가 7 cm인 직육면체의 부피는 몇 cm³일까요?

식 5×3×7=105   답 105 cm³

풀이 (직육면체의 부피)=(가로)×(세로)×(높이)
=5×3×7=105(cm³)

4. 가로가 6 cm, 세로가 12 cm, 높이가 8 cm인 직육면체의 부피는 몇 cm³일까요?

식 6×12×8=576   답 576 cm³

풀이 (직육면체의 부피)=(가로)×(세로)×(높이)
=6×12×8=576(cm³)

5. 한 모서리의 길이가 5 cm인 정육면체의 부피는 몇 cm³일까요?

식 5×5×5=125   답 125 cm³

풀이 (정육면체의 부피)
=(한 모서리의 길이)×(한 모서리의 길이)×(한 모서리의 길이)
=5×5×5=125(cm³)

6. 한 모서리의 길이가 11 cm인 정육면체의 부피는 몇 cm³일까요?

식 11×11×11=1331   답 1331 cm³

풀이 (정육면체의 부피)
=(한 모서리의 길이)×(한 모서리의 길이)×(한 모서리의 길이)
=11×11×11=1331(cm³)

6 직육면체의 부피와 겉넓이

92-93쪽

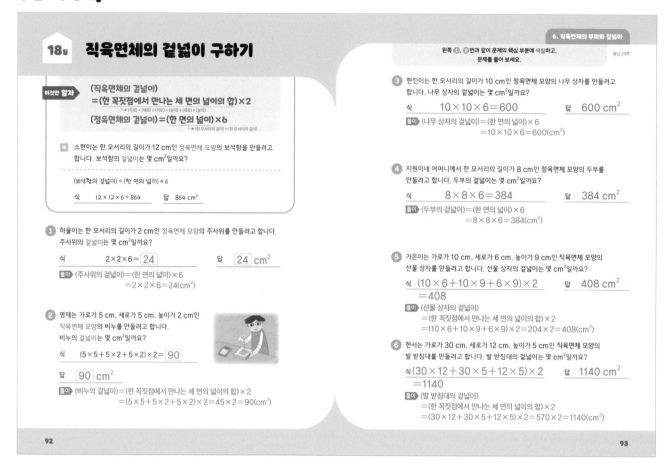

18일 직육면체의 겉넓이 구하기

이것만 알자

(직육면체의 겉넓이)
=(한 꼭짓점에서 만나는 세 면의 넓이의 합)×2
=(가로)×(세로)+(가로)×(높이)+(세로)×(높이)×2
(정육면체의 겉넓이)=(한 면의 넓이)×6
=(한 모서리의 길이)×(한 모서리의 길이)

예 소현이는 한 모서리의 길이가 12 cm인 정육면체 모양의 보석함을 만들려고 합니다. 보석함의 겉넓이는 몇 cm²일까요?

(보석함의 겉넓이) = (한 면의 넓이)×6

식 $12×12×6=864$ 답 864 cm²

1 하울이는 한 모서리의 길이가 2 cm인 정육면체 모양의 주사위를 만들려고 합니다. 주사위의 겉넓이는 몇 cm²일까요?

식 $2×2×6=$ 24   답 24 cm²

풀이 (주사위의 겉넓이)=(한 면의 넓이)×6
=2×2×6=24(cm²)

2 영재는 가로가 5 cm, 세로가 5 cm, 높이가 2 cm인 직육면체 모양의 비누를 만들려고 합니다. 비누의 겉넓이는 몇 cm²일까요?

식 $(5×5+5×2+5×2)×2=$ 90

답 90 cm²

풀이 (비누의 겉넓이)=(한 꼭짓점에서 만나는 세 면의 넓이의 합)×2
=(5×5+5×2+5×2)×2=45×2=90(cm²)

---

6. 직육면체의 부피와 겉넓이

왼쪽 ❶, ❷번과 같이 문제의 핵심 부분에 색칠하고, 문제를 풀어 보세요.   정답 20쪽

3 현진이는 한 모서리의 길이가 10 cm인 정육면체 모양의 나무 상자를 만들려고 합니다. 나무 상자의 겉넓이는 몇 cm²일까요?

식 $10×10×6=600$ 답 600 cm²

풀이 (나무 상자의 겉넓이)=(한 면의 넓이)×6
=10×10×6=600(cm²)

4 지원이네 어머니께서 한 모서리의 길이가 8 cm인 정육면체 모양의 두부를 만들려고 합니다. 두부의 겉넓이는 몇 cm²일까요?

식 $8×8×6=384$ 답 384 cm²

풀이 (두부의 겉넓이)=(한 면의 넓이)×6
=8×8×6=384(cm²)

5 가온이는 가로가 10 cm, 세로가 6 cm, 높이가 9 cm인 직육면체 모양의 선물 상자를 만들려고 합니다. 선물 상자의 겉넓이는 몇 cm²일까요?

식 $(10×6+10×9+6×9)×2$ 답 408 cm²
$=408$

풀이 (선물 상자의 겉넓이)
=(한 꼭짓점에서 만나는 세 면의 넓이의 합)×2
=(10×6+10×9+6×9)×2=204×2=408(cm²)

6 현서는 가로가 30 cm, 세로가 12 cm, 높이가 5 cm인 직육면체 모양의 발 받침대를 만들려고 합니다. 발 받침대의 겉넓이는 몇 cm²일까요?

식 $(30×12+30×5+12×5)×2$ 답 1140 cm²
$=1140$

풀이 (발 받침대의 겉넓이)
=(한 꼭짓점에서 만나는 세 면의 넓이의 합)×2
=(30×12+30×5+12×5)×2=570×2=1140(cm²)

94-95쪽

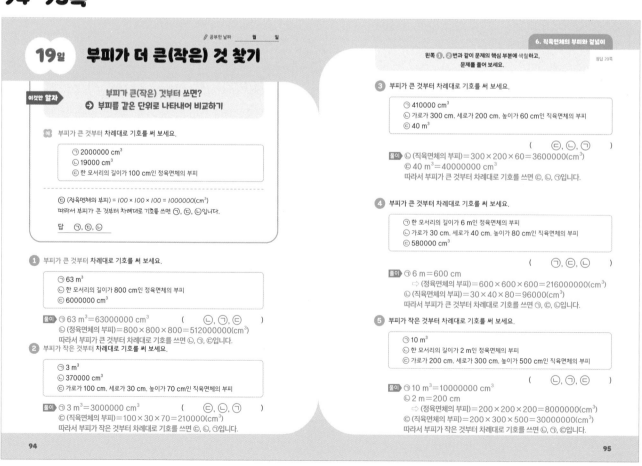

19일 부피가 더 큰(작은) 것 찾기

🖉 공부한 날짜   월   일

이것만 알자

부피가 큰(작은) 것부터 쓰면?
➡ 부피를 같은 단위로 나타내어 비교하기

예 부피가 큰 것부터 차례대로 기호를 써 보세요.

㉠ 2000000 cm³
㉡ 19000 cm³
㉢ 한 모서리의 길이가 100 cm인 정육면체의 부피

㉢ (정육면체의 부피)=100×100×100=1000000(cm³)
따라서 부피가 큰 것부터 차례대로 기호를 쓰면 ㉠, ㉢, ㉡입니다.

답 ㉠, ㉢, ㉡

1 부피가 큰 것부터 차례대로 기호를 써 보세요.

㉠ 63 m³
㉡ 한 모서리의 길이가 800 cm인 정육면체의 부피
㉢ 6000000 cm³

풀이 ㉠ 63 m³=63000000 cm³   (㉡, ㉠, ㉢)
㉡ (정육면체의 부피)=800×800×800=512000000(cm³)
따라서 부피가 큰 것부터 차례대로 기호를 쓰면 ㉡, ㉠, ㉢입니다.

2 부피가 작은 것부터 차례대로 기호를 써 보세요.

㉠ 3 m³
㉡ 370000 cm³
㉢ 가로 100 cm, 세로가 30 cm, 높이가 70 cm인 직육면체의 부피

풀이 ㉠ 3 m³=3000000 cm³   (㉢, ㉡, ㉠)
㉢ (직육면체의 부피)=100×30×70=210000(cm³)
따라서 부피가 작은 것부터 차례대로 기호를 쓰면 ㉢, ㉡, ㉠입니다.

---

6. 직육면체의 부피와 겉넓이

왼쪽 ❶, ❷번과 같이 문제의 핵심 부분에 색칠하고, 문제를 풀어 보세요.   정답 20쪽

3 부피가 큰 것부터 차례대로 기호를 써 보세요.

㉠ 410000 cm³
㉡ 가로가 300 cm, 세로가 200 cm, 높이가 60 cm인 직육면체의 부피
㉢ 40 m³

풀이 ㉡ (직육면체의 부피)=300×200×60=3600000(cm³)   (㉢, ㉡, ㉠)
㉢ 40 m³=40000000 cm³
따라서 부피가 큰 것부터 차례대로 기호를 쓰면 ㉢, ㉡, ㉠입니다.

4 부피가 큰 것부터 차례대로 기호를 써 보세요.

㉠ 한 모서리의 길이가 6 m인 정육면체의 부피
㉡ 가로가 30 cm, 세로가 40 cm, 높이가 80 cm인 직육면체의 부피
㉢ 580000 cm³

풀이 ㉠ 6 m=600 cm   (㉠, ㉢, ㉡)
➡ (정육면체의 부피)=600×600×600=216000000(cm³)
㉡ (직육면체의 부피)=30×40×80=96000(cm³)
따라서 부피가 큰 것부터 차례대로 기호를 쓰면 ㉠, ㉢, ㉡입니다.

5 부피가 작은 것부터 차례대로 기호를 써 보세요.

㉠ 10 m³
㉡ 한 모서리의 길이가 2 m인 정육면체의 부피
㉢ 가로 200 cm, 세로가 300 cm, 높이가 500 cm인 직육면체의 부피

풀이 ㉠ 10 m³=10000000 cm³   (㉡, ㉠, ㉢)
㉡ 2 m=200 cm
➡ (정육면체의 부피)=200×200×200=8000000(cm³)
㉢ (직육면체의 부피)=200×300×500=30000000(cm³)
따라서 부피가 작은 것부터 차례대로 기호를 쓰면 ㉡, ㉠, ㉢입니다.

96-97쪽

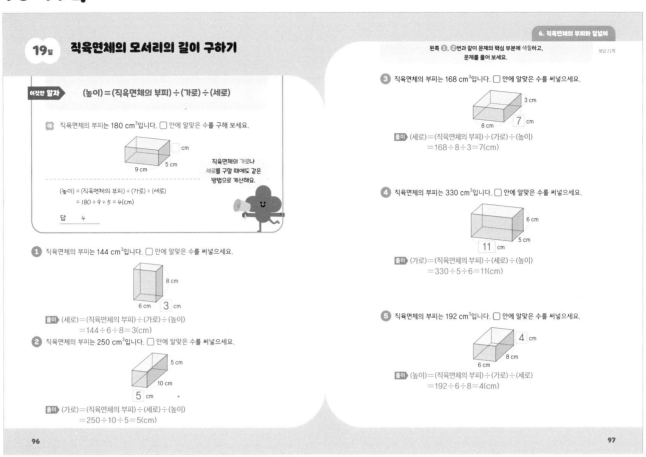

19일 직육면체의 모서리의 길이 구하기

이것만 알자 (높이)=(직육면체의 부피)÷(가로)÷(세로)

예 직육면체의 부피는 180 cm³입니다. ☐ 안에 알맞은 수를 구해 보세요.

☐ cm
5 cm
9 cm

직육면체의 가로나 세로를 구할 때에도 같은 방법으로 계산해요.

(높이) = (직육면체의 부피)÷(가로)÷(세로)
= 180÷9÷5 = 4(cm)

답 ___4___

1 직육면체의 부피는 144 cm³입니다. ☐ 안에 알맞은 수를 써넣으세요.

8 cm
6 cm
3 cm

풀이 (세로)=(직육면체의 부피)÷(가로)÷(높이)
=144÷6÷8=3(cm)

2 직육면체의 부피는 250 cm³입니다. ☐ 안에 알맞은 수를 써넣으세요.

5 cm
10 cm
5 cm

풀이 (가로)=(직육면체의 부피)÷(세로)÷(높이)
=250÷10÷5=5(cm)

왼쪽 **1**, **2**번과 같이 문제의 핵심 부분에 색칠하고, 문제를 풀어 보세요. 정답 21쪽

3 직육면체의 부피는 168 cm³입니다. ☐ 안에 알맞은 수를 써넣으세요.

3 cm
8 cm
7 cm

풀이 (세로)=(직육면체의 부피)÷(가로)÷(높이)
=168÷8÷3=7(cm)

4 직육면체의 부피는 330 cm³입니다. ☐ 안에 알맞은 수를 써넣으세요.

6 cm
5 cm
11 cm

풀이 (가로)=(직육면체의 부피)÷(세로)÷(높이)
=330÷5÷6=11(cm)

5 직육면체의 부피는 192 cm³입니다. ☐ 안에 알맞은 수를 써넣으세요.

4 cm
6 cm
8 cm

풀이 (높이)=(직육면체의 부피)÷(가로)÷(세로)
=192÷6÷8=4(cm)

96 / 97

98-99쪽

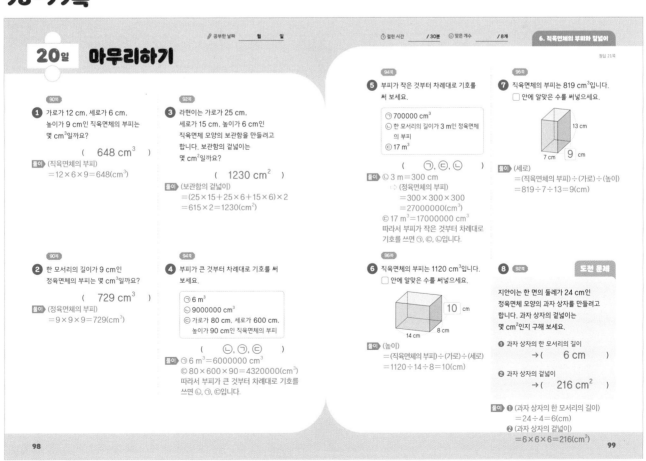

20일 마무리하기

✏️ 공부한 날짜 월 일 ⏱️ 걸린 시간 / 30분 맞은 개수 / 8개

정답 21쪽

90쪽
1 가로가 12 cm, 세로가 6 cm, 높이가 9 cm인 직육면체의 부피는 몇 cm³일까요?

(648 cm³)

풀이 (직육면체의 부피)
=12×6×9=648(cm³)

92쪽
3 라현이는 가로가 25 cm, 세로가 15 cm, 높이가 6 cm인 직육면체 모양의 보관함을 만들려고 합니다. 보관함의 겉넓이는 몇 cm²일까요?

(1230 cm²)

풀이 (보관함의 겉넓이)
=(25×15+25×6+15×6)×2
=615×2=1230(cm²)

90쪽
2 한 모서리의 길이가 9 cm인 정육면체의 부피는 몇 cm³일까요?

(729 cm³)

풀이 (정육면체의 부피)
=9×9×9=729(cm³)

94쪽
4 부피가 큰 것부터 차례대로 기호를 써 보세요.

㉠ 6 m³
㉡ 9000000 cm³
㉢ 가로가 80 cm, 세로가 600 cm, 높이가 90 cm인 직육면체의 부피

(㉡, ㉠, ㉢)

풀이 ㉠ 6 m³=6000000 cm³
㉢ 80×600×90=4320000(cm³)
따라서 부피가 큰 것부터 차례대로 기호를 쓰면 ㉡, ㉠, ㉢입니다.

94쪽
5 부피가 작은 것부터 차례대로 기호를 써 보세요.

㉠ 700000 cm³
㉡ 한 모서리의 길이가 3 m인 정육면체의 부피
㉢ 17 m³

(㉠, ㉢, ㉡)

풀이 ㉡ 3 m=300 cm
(정육면체의 부피)
=300×300×300
=27000000(cm³)
㉢ 17 m³=17000000 cm³
따라서 부피가 작은 것부터 차례대로 기호를 쓰면 ㉠, ㉢, ㉡입니다.

96쪽
6 직육면체의 부피는 1120 cm³입니다. ☐ 안에 알맞은 수를 써넣으세요.

10 cm
14 cm
8 cm

풀이 (높이)
=(직육면체의 부피)÷(가로)÷(세로)
=1120÷14÷8=10(cm)

96쪽
7 직육면체의 부피는 819 cm³입니다. ☐ 안에 알맞은 수를 써넣으세요.

13 cm
7 cm
9 cm

풀이 (세로)=(직육면체의 부피)÷(가로)÷(높이)
=819÷7÷13=9(cm)

8 **92쪽** **도전 문제**

지안이는 한 면의 둘레가 24 cm인 정육면체 모양의 과자 상자를 만들려고 합니다. 과자 상자의 겉넓이는 몇 cm²인지 구해 보세요.

❶ 과자 상자의 한 모서리의 길이
→ (6 cm)

❷ 과자 상자의 겉넓이
→ (216 cm²)

풀이 ❶ (과자 상자의 한 모서리의 길이)
=24÷4=6(cm)
❷ (과자 상자의 겉넓이)
=6×6×6=216(cm²)

98 / 99

21

실력 평가

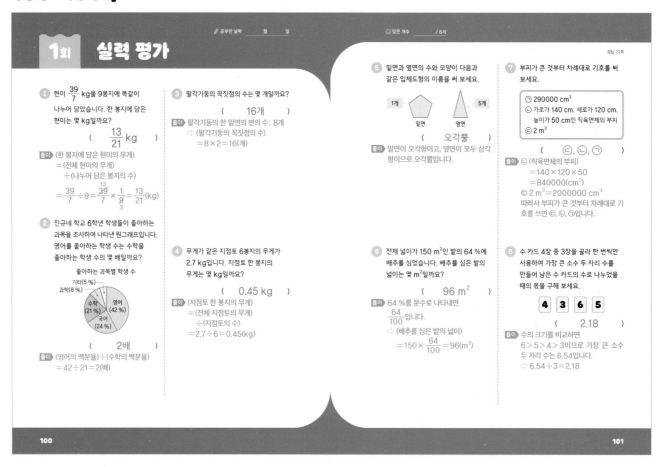

1회 실력 평가

✐ 공부한 날짜 　월　일　　　☺ 맞은 개수　/8개

정답 22쪽

1 현미 $\frac{39}{7}$ kg을 9봉지에 똑같이 나누어 담았습니다. 한 봉지에 담은 현미는 몇 kg일까요?

($\frac{13}{21}$ kg)

풀이 (한 봉지에 담은 현미의 무게)
＝(전체 현미의 무게)
÷(나누어 담은 봉지의 수)
＝$\frac{39}{7}$÷9＝$\frac{\overset{13}{\cancel{39}}}{7}$×$\frac{1}{\underset{3}{\cancel{9}}}$＝$\frac{13}{21}$(kg)

2 진규네 학교 6학년 학생들이 좋아하는 과목을 조사하여 나타낸 원그래프입니다. 영어를 좋아하는 학생 수는 수학을 좋아하는 학생 수의 몇 배일까요?

좋아하는 과목별 학생 수
기타(5 %)
과학(8 %)
수학(21 %)
국어(24 %)
영어(42 %)

(2배)

풀이 (영어의 백분율)÷(수학의 백분율)
＝42÷21＝2(배)

3 팔각기둥의 꼭짓점의 수는 몇 개일까요?

(16개)

풀이 (팔각기둥의 한 밑면의 변의 수: 8개
⇨ (팔각기둥의 꼭짓점의 수)
＝8×2＝16(개)

4 무게가 같은 지점토 6봉지의 무게가 2.7 kg입니다. 지점토 한 봉지의 무게는 몇 kg일까요?

(0.45 kg)

풀이 (지점토 한 봉지의 무게)
＝(전체 지점토의 무게)
÷(지점토의 수)
＝2.7÷6＝0.45(kg)

5 밑면과 옆면의 수와 모양이 다음과 같은 입체도형의 이름을 써 보세요.

밑면 1개　　옆면 5개

(오각뿔)

풀이 밑면이 오각형이고, 옆면이 모두 삼각형이므로 오각뿔입니다.

6 전체 넓이가 150 m²인 밭의 64 %에 배추를 심었습니다. 배추를 심은 밭의 넓이는 몇 m²일까요?

(96 m²)

풀이 64 %를 분수로 나타내면 $\frac{64}{100}$입니다.
⇨ (배추를 심은 밭의 넓이)
＝150×$\frac{64}{100}$＝96(m²)

7 부피가 큰 것부터 차례대로 기호를 써 보세요.

㉠ 290000 cm³
㉡ 가로가 140 cm, 세로가 120 cm, 높이가 50 cm인 직육면체의 부피
㉢ 2 m³

(㉢, ㉡, ㉠)

풀이 ㉡ (직육면체의 부피)
＝140×120×50
＝840000(cm³)
㉢ 2 m³＝2000000 cm³
따라서 부피가 큰 것부터 차례대로 기호를 쓰면 ㉢, ㉡, ㉠입니다.

8 수 카드 4장 중 3장을 골라 한 번씩만 사용하여 가장 큰 소수 두 자리 수를 만들어 남은 수 카드의 수로 나누었을 때의 몫을 구해 보세요.

4　3　6　5

(2.18)

풀이 수의 크기를 비교하면 6＞5＞4＞3이므로 가장 큰 소수 두 자리 수는 6.54입니다.
⇨ 6.54÷3＝2.18

100　　　101

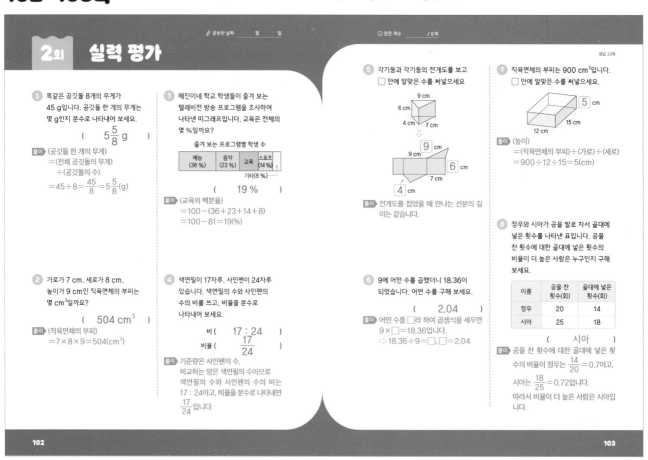

2회 실력 평가

✐ 공부한 날짜 　월　일　　　☺ 맞은 개수　/8개

정답 22쪽

1 똑같은 공깃돌 8개의 무게가 45 g입니다. 공깃돌 한 개의 무게는 몇 g인지 분수로 나타내어 보세요.

($5\frac{5}{8}$ g)

풀이 (공깃돌 한 개의 무게)
＝(전체 공깃돌의 무게)
÷(공깃돌의 수)
＝45÷8＝$\frac{45}{8}$＝$5\frac{5}{8}$(g)

2 가로가 7 cm, 세로가 8 cm, 높이가 9 cm인 직육면체의 부피는 몇 cm³일까요?

(504 cm³)

풀이 (직육면체의 부피)
＝7×8×9＝504(cm³)

3 혜진이네 학교 학생들이 즐겨 보는 텔레비전 방송 프로그램을 조사하여 나타낸 띠그래프입니다. 교육은 전체의 몇 %일까요?

즐겨 보는 프로그램별 학생 수

예능(36 %)	음악(23 %)	교육	스포츠(14 %)

기타(8 %)

(19 %)

풀이 (교육의 백분율)
＝100－(36＋23＋14＋8)
＝100－81＝19(%)

4 색연필이 17자루, 사인펜이 24자루 있습니다. 색연필의 수와 사인펜의 수의 비를 쓰고, 비율을 분수로 나타내어 보세요.

비(17 : 24)
비율($\frac{17}{24}$)

풀이 기준량은 사인펜의 수, 비교하는 양은 색연필의 수이므로 색연필의 수와 사인펜의 수의 비는 17 : 24이고, 비율을 분수로 나타내면 $\frac{17}{24}$입니다.

5 각기둥과 각기둥의 전개도를 보고 □ 안에 알맞은 수를 써넣으세요

9 cm
6 cm
4 cm　7 cm
↓
9 cm
6 cm
7 cm
4 cm

풀이 전개도를 접었을 때 만나는 선분의 길이는 같습니다.

6 9에 어떤 수를 곱했더니 18.36이 되었습니다. 어떤 수를 구해 보세요.

(2.04)

풀이 어떤 수를 □라 하여 곱셈식을 세우면 9×□＝18.36입니다.
⇨ 18.36÷9＝□, □＝2.04

7 직육면체의 부피는 900 cm³입니다. □ 안에 알맞은 수를 써넣으세요.

5 cm
12 cm　15 cm

풀이 (높이)
＝(직육면체의 부피)÷(가로)÷(세로)
＝900÷12÷15＝5(cm)

8 정우와 시아가 공을 발로 차서 골대에 넣은 횟수를 나타낸 표입니다. 공을 찬 횟수에 대한 골대에 넣은 횟수의 비율이 더 높은 사람은 누구인지 구해 보세요.

이름	공을 찬 횟수(회)	골대에 넣은 횟수(회)
정우	20	14
시아	25	18

(시아)

풀이 공을 찬 횟수에 대한 골대에 넣은 횟수의 비율이 정우는 $\frac{14}{20}$＝0.7이고, 시아는 $\frac{18}{25}$＝0.72입니다.
따라서 비율이 더 높은 사람은 시아입니다.

102　　　103

22

MEMO

MEMO